新形态教材
入眼·入脑·入手
易教·乐学

婴幼儿托育相关专业教材

洪秀敏 / 丛书主编

婴幼儿
心理与行为测评

YINGYOU'ER
XINLI YU
XINGWEI CEPING

宋春兰　禹东川 / 本书主编

北京师范大学出版集团
BEIJING NORMAL UNIVERSITY PUBLISHING GROUP
北京师范大学出版社

图书在版编目(CIP)数据

婴幼儿心理与行为测评 / 宋春兰,禹东川主编. —北京:北京师范大学出版社,2024.6
ISBN 978-7-303-29448-0

Ⅰ. ①婴… Ⅱ. ①宋… ②禹… Ⅲ. ①婴幼儿心理学—高等职业教育—教材 Ⅳ. ①B844.12

中国国家版本馆 CIP 数据核字(2023)第 211555 号

图书意见反馈:gaozhifk@bnupg.com   010-58805079
营销中心电话:010-58802181   58805532
编 辑 部 电 话:010-58808898

出版发行:北京师范大学出版社   www.bnupg.com
北京市西城区新街口外大街 12-3 号
邮政编码:100088
印　　刷:优奇仕印刷河北有限公司
经　　销:全国新华书店
开　　本:889 mm×1194 mm   1/16
印　　张:9.75
字　　数:308 千字
版　　次:2024 年 6 月第 1 版
印　　次:2024 年 6 月第 1 次印刷
定　　价:34.80 元

策划编辑:罗佩珍　　　　责任编辑:张姗姗　陈佳宵
美术编辑:焦　丽　　　　装帧设计:焦　丽
责任校对:梁　爽　　　　责任印制:陈　涛　赵　龙

编委会

丛 书 主 编：洪秀敏

丛书副主编：张根健　商传辉

本 书 主 编：宋春兰　禹东川

本书副主编：杜开先　宋　丽　程维祎

本 书 编 委：靳彦琴　栗　鑫　徐海萍　史晓依

教材结构特点

本教材以模块化、任务式的形式展开论述，聚焦于婴幼儿心理与行为测评概述、常用的婴幼儿发育筛查类测评量表、常用的婴幼儿发育诊断类测评量表及社会生活能力、气质及孤独症测评量表四大模块。

第一模块为"婴幼儿心理与行为测评概述"。该模块包括5个学习任务，分别介绍了婴幼儿心理与行为测评的意义、任务和作用，婴幼儿心理与行为测评的方法和技巧，婴幼儿心理与行为测评量表的种类、结果分析与报告，婴幼儿心理与行为测评量表的选择原则、实施过程及注意事项，最后一个学习任务就如何合理应用婴幼儿心理与行为测评量表给出了具体建议。

第二模块为"常用的婴幼儿发育筛查类测评量表"。该模块具体介绍了新生儿20项行为神经评定（Neonatal Behavioral Neurological Assessment，NBNA）、儿童心理行为发育预警征象筛查表（以下简称预警征）、0～6岁儿童智能发育筛查测验（Developmental Screening Test，DST）、丹佛发育筛查测验（Denver Developmental Screening Test，DDST）、汉语沟通发展量表（Chinese Communicative Development Inventory，CDI）的适用年龄和作用、测评内容和方法、结果评定以及注意事项。

第三模块为"常用的婴幼儿发育诊断类测评量表"。该模块具体介绍了Gesell发育诊断量表（Gesell Developmental Schedules，GDS）、0岁～6岁儿童发育行为评估量表（儿心量表-Ⅱ）、Griffiths发育评估量表中文版（Griffiths Development Scales-Chinese Edition，GDS-C）、0～3岁婴幼儿发育量表（Child Development Center of China，CDCC）、Peabody运动发育量表第二版（Peabody Developmental Motor Scales-Ⅱ，PDMS-Ⅱ）、贝利婴幼儿发展量表（Bayley Scales of Infant Development，BSID）的适用年龄和作用、测评内容和方法、结果评定以及注意事项。

第四模块为"社会生活能力、气质及孤独症测评量表"。该模块具体介绍了婴儿—初中学生社会生活能力量表（Normal Development of Social Skills from Infant to Junior High School Children，S-M量表），婴幼儿气质量表和孤独症测评量表的适用年龄和作用、测评内容和方法、结果评定以及注意事项。

总体而言，本教材注重专业理论知识与临床案例、实践指导相结合，纸质文本、数字资源相融合，以期更好地为学习者提供支持和服务。

如何使用本教材

本教材注重以典型工作任务、案例等为载体组织教学，配备丰富的融媒体资源，设计多样的体例形式，以激发学习者的兴趣，提升学习效果。

➤ 导入语：每一学习模块导入语的作用在于调动学习者的阅读兴趣，引发学习者对将要学习内容的思考。

➤ 学习导图：以思维导图的形式帮助学习者了解本模块的主要内容。

➤ 学习初体验：通过设计一个让学习者去实践体验的小活动引发学习者的思考和讨论，为其接下来的学习打下基础。

➤ 学习任务单：涵盖了每个学习任务的学习目标、学习要点、学习建议、学习运用及学习反思。

➤ 案例导入：位于每个学习任务开始部分，通过设置一个与工作场景有关的案例或情境故事引发学习者对本学习任务内容的思考，引出正文内容。

➤ 正文部分：根据实际需要灵活设置一些小栏目，如"想一想""实践运用""拓展阅读""备考指南""延伸阅读"等，力求引导学习者将理论与日后工作、考证等联系起来，提升其岗位胜任力。

➤ 学习效果检测：主要设计与本学习任务相关的思考题和案例分析题，帮助学习者更好地检测对本章节内容的学习效果。

课时分配

本课程建议安排 16 学时，具体学时分配如下。

模块	建议学时
模块一	3 学时
模块二	5 学时
模块三	6 学时
模块四	2 学时
总计	16 学时

资源查找

本教材配有教学课件、教学设计方案，同时根据学习任务需要配备视频、拓展阅读文本、学习效果检测等。书中配套资源（如学习效果检测题参考答案、拓展阅读文本），可扫描书中二维码直接观看，其他资源可扫描下方二维码，进入"婴幼儿心理与行为测评"图书页面，在"云学习""教学资源"处观看。

扫一扫看资源

3 岁以下婴幼儿照护服务是生命全周期服务管理的重要内容，事关婴幼儿健康成长，事关千家万户。党中央、国务院高度重视婴幼儿照护服务发展。党的十九大报告在保障和改善民生的蓝图中将"幼有所育"排在七项民生之首；党的二十大报告指出，要"深入贯彻以人民为中心的发展思想"，在"幼有所育"等方面持续用力，"建立生育支持政策体系"。加快发展普惠托育服务体系，专业人才培养是关键。而支撑职业教育高质量发展，专业教材建设是关键。教材建设是育人育才的重要依托，是培养学生职业道德、职业技能、就业创业和继续学习能力的重要载体。职业教育专业教材是职业院校开展教学工作的基础，建设什么样的教材体系，核心教材传授什么内容、倡导什么价值，都直接影响着托育专业职业教育的学科建设和人才培养质量。

2021 年，教育部发布新调整的职业教育专业目录，一体化设计了中职—高职专科—高职本科专业体系，新增了中职、高职专科、高职本科三个学段婴幼儿托育相关专业，亟须建设相关配套专业教材。《"十四五"职业教育规划教材建设实施方案》明确指出，要服务民生领域急需紧缺行业发展，加快建设托育等领域专业课程教材。为服务于托育相关专业教学与课程建设需求，本套丛书以促进学生全面发展、增强综合素质为目标，以打造培根铸魂、启智增慧、适应时代要求、具有较高质量的托育专业职业教育教材为重点，力图做到"四个坚持"。

一、坚持德育为先，发挥课程思政与立德树人功能

教材建设的根本问题是培养人的问题。在本套丛书编写过程中，编写团队始终坚持正确的政治方向和价值导向，将习近平新时代中国特色社会主义思想特别是关于教材建设的重要论述贯穿教材建设的各个环节，全面落实课程思政要求，努力贯彻落实立德树人根本任务。编写团队认真贯彻落实党中央、国务院关于发展婴幼儿照护服务的政策精神，将培育和践行社会主义核心价值观融入教材编写的全过程，在价值理念导向、专业知识诠释和实践案例选取过程中，扎根中国大地，站稳中国立场，坚定"四个自信"，努力增强教材铸魂育人功能，注重引导学生增强专业认同感，关爱婴幼儿，热爱托育事业，正确理解 3 岁以下婴幼儿发展特点研究和托育机构保育工作的重要意义，坚定专业信念，并能自觉努力成长为有理想信念、有道德情操、有扎实学识、有仁爱之心的婴幼儿健康成长的启蒙者和引路人。

二、坚持学生为本，遵循学生学习规律与发展需求

本套丛书编写坚持以学生为中心的理念，深入研究托育专业人才成长规律和学生认知特点，遵循职业教育学生学习的特点、规律和需求，增强教材对学生专业学习与发展的适切性。在编写过程中，编写团队努力以学习成果为导向设计教材结构和内容，注重托育机构工作场景、典型保育工作任务、案例分析等模块化课程和项目化学习成果设计，创新教材呈现形式，通过生活化、情景化、动态化、形象化的案例场景，积极开发具有补充性、更新性和延伸性的学习资源，遵循理论知识与实践技能相统一、从简单到复杂、从单一到综合的学习规律与职业成长规律，注重通过通俗易懂的文字论述和丰富的案例材料，最大限度地激发学生学习兴趣和探究行为，满足学生多样化、个性化和实用化的学习需求和专业发展需求，提高他们对婴幼儿托育的专业认知、专业情感、专业态度和专业精神等专业素养。

三、坚持研究为要，反映托育领域最新政策、研究与实践

托育是涉及多学科、综合性强的新专业，目前可直接参考借鉴的资源不多，教材编写难度大。为此，编写团队一是注重对国家托育改革创新实践与最新政策的动态关注，认真学习并全面贯彻我国托育服务相关政策与法规的最新要求，在教材编写中力求及时反映托育政策和事业改革发展的新要求、新理念和新规范；二是全面对标托育专业相关教学标准和保育师国家职业技能标准，持续追踪婴幼儿发展与托育研究的动态，深入研究婴幼儿生理与心理发展、营养与喂养、学习与发展、卫生与保健、常见病和伤害预防与处理等专业知识与最新研究进展，及时吸纳新方法和新成果，尽可能体现出先进性、引领性和科学性；三是为充分体现职业教育的实用性与实践性特点，坚持深入调研了解行业企业和托育机构的现状与需求，跟进了解行业企业发展与院校培养的最新动态，努力反映托育行业的新探索、新实践和新经验。

四、坚持质量为重，建设联合攻关高水平教材编写团队

多主体协同、多元化参与，是确保教材思想方向、保障专业水准、拓展教材形式、提升编写质量等的关键所在。本套丛书在编写过程中，充分调动和吸纳了一批儿童早期发展、卫生保健、儿童心理学、学前教育学等方面的高校、科研机构的研究者，职业院校婴幼儿托育相关专业的保育人员，行业协会、托育机构等多方优质资源，组建了一支产教融合、校企合作、结构合理、经验丰富、专业能力强的高水平教材编写团队，凝智聚力，联合攻关，统一指导思想、编写理念、编写策略和编写风格，发挥各家所长，分工明确，相互协调配合，同时加强编写、审定和出版各环节的严格把关，确保专业教材的编写质量，力争打造一批培根铸魂、启智增慧，具有时代性、科学性、权威性、前沿性、实用性的托育职业教育专业精品教材。

本套丛书的编写得到了北京师范大学出版社的大力支持，在撰写过程中参考和引用了国内外许多研究成果与观点，在此深致谢忱。真诚希望本套丛书的出版能够为托育职业教育、托育培训者和管理者、广大托育机构工作者等提供有益的参考与借鉴。

北京师范大学　洪秀敏

　　随着我国社会经济的快速发展，儿童的健康发展日益受到重视，我们不但要重视他们的身体健康，更要重视他们的心理和行为健康。生命的最初几年，尤其是 0～3 岁，是儿童成长和发展重要的"机会窗口期"。在这一时期，婴幼儿心理与行为的发育可能会出现偏离，因此开展早期的心理行为发育评估和问题筛查显得尤为重要。婴幼儿心理与行为测评为进一步开展有针对性的干预措施和教育指导以及开展随访和健康管理提供科学依据，从而促进婴幼儿认知、情感、社会适应及语言等方面的综合发展。

　　世界卫生组织（World Health Organization，WHO）、联合国儿童基金会（United Nations International Children's Emergency Fund，UNICEF）和中国政府均提出要重视儿童的早期发展。WHO 明确提出了健康指标策略从生存到发展的理念。UNICEF 与中国政府在全球倡导儿童早期发展。UNICEF 提出"儿童早期综合发展，从出生到 3 岁是儿童成长和发展的关键阶段，定期对儿童进行生长监测和发育筛查，及早发现可疑发育偏离并采取干预措施"。

　　中国政府一直以来高度重视儿童早期发展工作，从顶层布局、完善法规政策方面做了大量工作，颁布了多部重要文件。2011 年，《中国儿童发展纲要（2011—2020 年）》强调，要"促进 0～3 岁儿童早期综合发展""加快培养 0～3 岁儿童早期教育专业化人才"。2016 年，国务院《"健康中国 2030"规划纲要》更是将儿童早期发展作为推进妇幼健康工作的一项重要内容正式纳入，上升为国家战略。2019 年发布的《国务院办公厅关于促进 3 岁以下婴幼儿照护服务发展的指导意见》（以下简称《指导意见》）指出"3 岁以下婴幼儿（以下简称婴幼儿）照护服务是生命全周期服务管理的重要内容，事关婴幼儿健康成长，事关千家万户"。《指导意见》在"基本原则"中提到"安全健康，科学规范。按照儿童优先的原则，最大限度地保护婴幼儿，确保婴幼儿的安全和健康。遵循婴幼儿成长特点和规律，促进婴幼儿在身体发育、动作、语言、认知、情感与社会性等方面的全面发展"。《指导意见》在"主要任务"中指出"切实做好基本公共卫生服务、妇幼保健服务工作，为婴幼儿家庭开展新生儿访视、膳食营养、生长发育、预防接种、安全防护、疾病防控等服务"。《指导意见》在"保障措施"中"加强队伍建设"方面提出"高等院校和职业院校（含技工院校）要根据需求开设婴幼儿照护相关专业""加快培养婴幼儿照护相关专业人才"。2021 年发布的《中国儿童发展纲要（2021—2030 年）》提出"加强儿童保健服务和管理""强化儿童疾病防治""建立早期筛查、诊断和干预服务机制"。2023 年党的二十大报告中强调"坚持以人民为中心的发展思想""推进健康中国建设"，对于新时期儿童健康事业提出了更高要求。

　　目前，我国职业教育领域开设了婴幼儿托育服务与管理、早期教育、婴幼儿发展与健康管理等多个专业。今后可能会从事婴幼儿托育服务等方面工作的人，有必要了解婴幼儿心理与行为测评的基本知识。此外，各地从事儿童保健、儿童发育行为及托育服务等的工作人员，在工作中面对心理行为发育有问题的婴幼儿，常常遇到一些实际困难，如不了解婴幼儿心理与行为测评量表的适用范围和作用，不知如何找到合适的量表及正确使用量表，不明晰量表使用的注意事项，以及不知如何解释测评结果等。正是在这样的大背景和指导思想下，我们接受北京师范大学出版社的邀请，组建团队着手编写此教材，拟将近年来经过实践检验的、信度和效度较好的量表，包括新编制的相关量表汇编在一起，供相关专业的师生以及儿童保健、托育服务等相关从业人员更好地开展婴幼儿心理与行为测评工作，助力于新时期儿童健康事业的开展。

《婴幼儿心理与行为测评》教材的编写团队，既包括具有丰富临床经验的儿童发育行为、儿童保健及小儿神经内科等相关领域的医务工作者，也包括高校从事儿童学习科学与早期儿童发展研究的专家、职业院校相关专业的教师。作者团队构成及分工具体见表 0-1。

表 0-1　作者团队构成及分工

姓名	单位	分工
宋春兰	郑州大学第三附属医院	负责教材整体设计，把握教材编写进度； 学习模块一学习任务 2、3、4、5；学习模块二学习任务 2、4； 学习模块三学习任务 3；学习模块四学习任务 3
禹东川	东南大学	负责教材整体设计，把握教材编写进度； 学习模块一学习任务 1
杜开先	郑州大学第三附属医院	学习模块二学习任务 1；学习模块三学习任务 2、3、4、5
宋　丽	郑州大学第三附属医院	学习模块三学习任务 1、2、4、6
程维祎	河南师范大学新联学院	学习模块一学习任务 3、4、5
靳彦琴	郑州大学第三附属医院	学习模块二学习任务 1、2、3、5；学习模块三学习任务 5
徐海萍	郑州大学第三附属医院	学习模块二学习任务 3、4；学习模块四学习任务 1、2、3
栗　鑫	河南医学高等专科学校	学习模块一学习任务 1、2；学习模块三学习任务 1
史晓依	郑州大学第三附属医院	学习模块三学习任务 6；学习模块四学习任务 1、2
龚　欢、张午阳、魏亚敏、宋春兰、靳彦琴	郑州大学第三附属医院	教材视频资源制作

本教材包括婴幼儿心理与行为测评概述、常用的婴幼儿发育筛查类测评量表、常用的婴幼儿发育诊断类测评量表，以及社会生活能力、气质及孤独症测评量表四大模块内容，每个模块下分若干学习任务。

具体而言，本教材具有如下特点：（1）**系统性**。　本书系统地阐述了婴幼儿心理与行为测评的相关理论、方法与技术，系统地介绍了主要的婴幼儿心理与行为测评量表。（2）**实用性**。　本书作为婴幼儿测评及指导用书，设置了大量典型案例、实操要点来帮助读者理解婴幼儿心理与行为测评量表的具体应用范围、使用方法等，便于读者的掌握与应用。（3）**受众广**。　本书不仅面向高职高专婴幼儿托育服务与管理、早期教育、婴幼儿发展与健康管理、特殊教育等专业的学生，而且面向妇幼保健机构从事婴幼儿发育诊断、托育机构从事婴幼儿教育教学工作等的相关人员。（4）**前沿性**。　本书注意选入婴幼儿心理与行为发展及测评领域的最新进展及相关测评工具。（5）**可读性**。　本书体例灵活，在每个学习任务开始部分设置学习任务单，结尾部分设置不同类型的学习效果检测题，穿插设置实践运用、备考指南、拓展阅读等栏目，并为必要内容、检测题配有可扫描阅读的二维码资源。总之，我们注重将专业理论知识与临床案例、实践指导相结合，更好地提高相关人员的专业素养、专业知识和实际操作能力。

真诚地希望本书能为正在从事或即将从事与0～3岁婴幼儿心理与行为发育相关工作的人员提供支持与帮助。我谨代表即将学习使用的读者向量表的编制者和修订者表示崇高的敬意和衷心的感谢！由于字数限制，加之婴幼儿心理与行为问题的复杂性，难免收集的测评量表不够全面，无法解决实际应用中所有的婴幼儿心理与行为测评问题。恳切希望广大读者在阅读过程中不吝赐教，欢迎提出意见和建议，发送邮件至邮箱 songchunlan0426@126.com，以期再版修订时进一步完善，更好地为大家服务。

本书主编
2024 年 1 月

目录

学习模块一
婴幼儿心理与行为测评概述

如果你是托育机构的一位工作人员，有一位 1 岁宝宝的家长向你咨询："我的孩子已经 1 岁了，还坐不稳，也不会爬，不会扶站，分不清爸爸妈妈，孩子要不要测评？"请你想一想，这个孩子需要测评吗？测评有什么意义吗？要做哪些测评呢？测评时有什么注意事项吗？在本节中，期望你带着这些问题，结合相关内容的学习及见习活动来了解婴幼儿心理与行为测评的意义、方法、种类、选择原则、实施过程及注意事项等，我们只有对婴幼儿心理与行为测评有了全面、正确的认识和了解，才能在将来的工作中，为促进婴幼儿的健康做出应有的努力。

学习导图

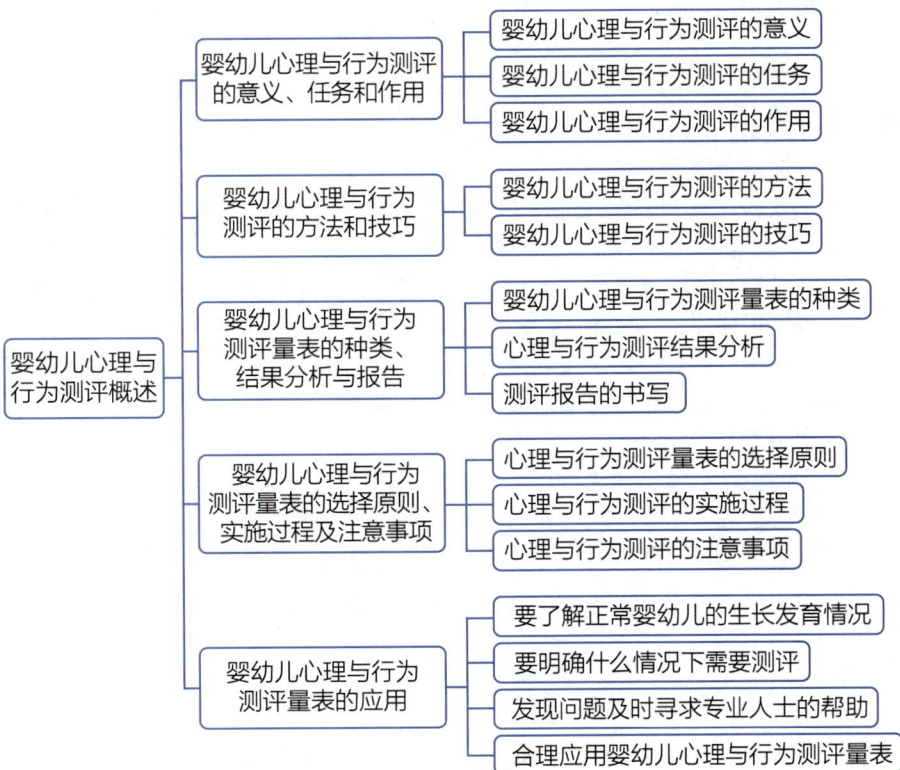

学习初体验

实践体验活动

一天，托育机构的老师正在组织班里的孩子进行游戏活动，恰好你来这里进行一项实践体验活动，请你观察这里的孩子，有没有孩子在社交、语言、行为等方面与正常同龄孩子不一样，如果有这样的孩子，那么，他需要测评吗？测评有什么意义和作用呢？测评时有什么方法和技巧吗？你了解婴幼儿测评量表的种类吗？测评过程中有哪些注意事项呢？如何合理应用测评量表呢？带着这些问题，请记录你的观察和结论。请与你的同学交流看法，想一想有什么好的建议。学习完本模块后，再来分析你最初的观察与记录。

学习任务1
婴幼儿心理与行为测评的意义、任务和作用

学习任务单

项目	内容
学习目标	学习完本任务后，你应该能够： ①了解婴幼儿心理与行为测评的意义。 ②熟悉婴幼儿心理与行为测评的任务和作用。
学习要点	本任务的重点、难点： ①婴幼儿心理与行为测评的任务。 ②婴幼儿心理与行为测评的作用。
学习建议	学习前： ①完成本模块下的学习初体验活动和本任务下的案例导入活动。 ②初步了解对婴幼儿进行心理与行为测评的意义。 学习中： ①试结合本任务开始的案例导入，谈一谈如果你是小贝的老师，会采取什么样的方法。 ②情境模拟：两两组队，一人扮演孩子家长，一人扮演测评人员，再找一布娃娃充当1岁3个月幼儿，模拟家长因孩子与人交流时不敢对视而焦虑地向测评人员求助的情境，然后双方交换角色重复练习。请认真思考婴幼儿心理与行为测评的意义、作用，并记录下你作为测评人员的认识。 学习后： ①完成本任务后相关的学习效果检测。 ②有条件的，可以实地拜访你所在小区的几名婴幼儿家长，调查家长对于婴幼儿心理与行为测评的看法，尝试向家长介绍婴幼儿心理与行为测评的意义和作用。
学习运用	你觉得在哪些工作场景中可以运用到本任务所学内容？（请填写）
学习反思	请记录你在学习过程中的相关思考。（请填写）

案例导入

你发现照护的孩子小贝，在 11 个月的时候已经能够抓着桌子、椅子的边缘站起来，慢慢地挪步，可是，现在小贝已经 13 个月了，还是没能独自行走。跟小贝的父母交流后了解到：小贝的哥哥在 11 个月的时候就已经能够自己走路了。为什么小贝到现在还不能够独立走路？是孩子的生长发育出了什么问题吗？作为托育园的教师，你会建议小贝的父母做测评吗？测评有意义吗？做了测评又有什么用呢？

请带着疑问认真学习本任务的内容，我们将对婴幼儿心理与行为测评的意义、任务和作用进行详细的阐述。

心理与行为测评是一种测量技术，用以获取婴幼儿发育情况的数据，比较、评定不同婴幼儿间的差异，或者是同一婴幼儿在不同时间、不同条件、不同情境下的差异。了解婴幼儿心理与行为测评的意义、任务和作用，有助于从更高层面认识其在婴幼儿健康发展中的价值。

一、婴幼儿心理与行为测评的意义

婴幼儿的心理现象与行为和自然界万物一样是客观存在的。心理现象包括感觉、知觉、记忆、思维、情绪、意志、性格、能力、气质、兴趣、爱好等，这些心理现象均会随婴幼儿年龄的增长而发生变化，并通过行为表现出来。婴幼儿出生后，其心理现象与行为都和生理一样，一直处于持续的发育过程中，虽然由于先天遗传个体间存在差异，但是大多数婴幼儿在相同的年龄阶段的成长发育存在很多共同之处，均能达到相应的程度和水平。

如果某个婴幼儿到了某一年龄阶段，身高体重、心理表现均落后于该年龄水平，或者是出现了与同龄婴幼儿不同的行为表现，我们会认为其发育出现了问题，那么，该如何判断这种问题的严重程度呢？

经过多年的研究和探讨，学者们发现了可以针对心理与行为的发育情况进行测量和数量化的技术，也就是心理测量。

1918 年，美国的心理学家桑代克（E. L. Thorndike）提出："凡客观存在的事物都有其数量。"[①]1939 年，麦柯尔（W. A. McCall）指出："凡是具有数量的事物都必定可以测量。"虽然心理与行为测量具有多变性，而且引起它变化的因素很多，难以准确测量，但是它毕竟还是可以测量的，因此，在对婴幼儿的心理与行为进行研究时，在一定的条件下，是可以对婴幼儿的心理与行为发育情况进行定量分析的。

测评量表就是一种将观察现象进行量化的测评工具，心理测量学称其为"评定量表"，是对婴幼儿心理与行为发育情况进行评价和诊断的重要工具。

在当代生物—心理—社会医学模式下，人们对于"健康"这一概念有了全新的理解和认识，已经由传统的"生物健康模式"转变为"生物—心理—社会健康模式"，而这对婴幼儿健康水平的提高提出了新的挑战。

UNICEF 与 WHO 在涉及儿童发展目标时均指出：儿童保健工作不仅仅是要消除疾病和致病因素对儿童的伤害，同时要保障并促进儿童获得体格、社会—情绪，以及认知—语言能力的全面发展。未来社会所需要的人才，不仅要有健壮的体格，更要具有良好的心理素质和社会适应能力。

0～3 岁是人一生中生理发育速度最快、心理变化最大的时期，这一时期的婴幼儿在体格、行为、智力等方面的可塑性也最强。婴幼儿阶段的心理和行为发育的偏离和各种心理障碍，不仅影响婴幼儿的生长发育，影响其成人后的学习和生活质量，而且也是导致家庭、学校和社会负担的原因之一。目前研究证实，青少年的社会适应不良、多种反社会行为均可追溯至早期的心理发育问题。因此，婴幼儿阶段的心理发展对其一生

---

① 戴海崎、张锋等：《心理与教育测量》（第 4 版），广州，暨南大学出版社，2018，第 5 页。

都将产生重要而深远的影响。所以，对婴幼儿心理和行为发育情况进行测评和预见性的指导，对儿童的正常发育具有重要意义。

随着中国三孩政策的出台和社会文明的推进，整个社会及家长们对孩子的健康问题越来越关注，由此，对婴幼儿心理和行为测评服务的巨大需求也日益增加。

面对呱呱坠地的宝宝，新手父母在欢喜多多的同时，不免忧虑重重：孩子健康吗？发育正常吗？心智健全吗？机能协调吗？……这些问题的背后隐藏着父母们迫切"认识会讲外星语的小家伙"的需求，也隐藏着父母"了解孩子发育特点并采取相应措施"的需求。

婴幼儿无法使用语言清晰地表达自己，但是能通过表情、动作等传达想法，这就需要父母和专业养育工作者通过对婴幼儿情绪和行为的观察进行测评。通过标准化的心理测评，父母和专业养育工作者可以量化和评价婴幼儿个体和群体的发展水平，了解和判断婴幼儿的发育情况，对心理或行为发育迟缓的婴幼儿给予适时的指导并力争做到早发现、早干预、早治疗；对于发育正常的婴幼儿，可以给予预见性的综合指导，以推动婴幼儿的健康与良好发展。综上，对婴幼儿进行心理和行为测评不仅对家庭幸福意义重大，对提升我国未来整体的人口素质等都有十分重要的意义。

20 世纪 90 年代后期，中国经济持续快速发展，大量人口开始从农村向城市转移，从中、小城市向大城市的转移和人口的流动，衍生了流动儿童和留守儿童两大特殊群体。《第七次人口普查数据公报》数据显示，2020 年，流动人口有 3.76 亿人，其中流动人口子女约 1.3 亿人（包含流动儿童和留守儿童），超过中国儿童总数的 40％。0～14 岁人口为 2.5 亿人，占 17.95％。[1] 0～4 岁人口为 0.78 亿人。[2]

对于大多数流动人口家庭来说，把孩子带在身边，会因为收入低、生活条件不好、居无定所、户籍不在居住地城市等原因面临各种生活和入园的困难；把孩子留在"老家"，就意味着和孩子的分离，不能亲自养育和陪伴孩子的成长。"流动"和"留守"于每一个流动中的家庭而言都是一个两难的选择，都会对儿童的教育、卫生保健以及身心健康发展造成相当大的影响。

针对非流动婴幼儿和流动婴幼儿的测评也发现，流动婴幼儿比非流动婴幼儿的依恋关系更不稳定，也表现出较差的社会适应能力和更多的外显行为问题以及失调问题。[3]在心理健康方面，多数研究认为流动儿童心理健康状况比其他儿童较差。[4]

洪秀敏等人认为，虽然流动婴幼儿和非流动婴幼儿在个体特征、家庭背景方面存在较为明显的差异；但在同等条件的理想状态下，流动婴幼儿发展并不落后于非流动婴

① 国家统计局：《第七次全国人口普查公报（第五号）》，http：//www. stats. gov. cn/sj/tjgb/rk-pcgb/qgrkpcgb/202302/t20230206_1902005. html，2021-05-11。

② 国家统计局：《中国统计年鉴—2021 》，http：//www. stats. gov. cn/sj/ndsj/2021/indexch. htm，2022-05-30。

③ 梁熙、王争艳、俞劼：《家庭社会经济地位对流动和城市学步儿社会适应的影响：母亲敏感性和依恋安全感的链式中介作用》，载《心理发展与教育》，2021(37)，792-799 页。

④ 孙晓红、韩布新：《国内外流动儿童青少年心理健康状况研究：基于 CiteSpace 的可视化分析》，载《中国青年研究》，2018（12），67-73 页。

幼儿。①

另有研究者针对婴幼儿的社交情绪开展调查，宋佳等人发现中国江苏省城市地区婴幼儿社交情绪异常检出率近 25％，②李珊珊等人发现我国 3 个省 14 个贫困县贫困农村地区婴幼儿社交情绪异常检出率达到45.2％③。发展心理学研究结果明确指出，0～3 岁是儿童神经系统发育的高峰期，是儿童早期发展各个组成部分迅速发展的时期，也是敏感和脆弱的时期，这个时期的发育偏离会对成年期健康、发展和社会成就造成严重影响④，当社交情绪、认知等能力受到阻碍时，发育轨迹就会偏离正常轨道⑤。而且随着婴幼儿月龄不断增加，其社交情绪发展存在进一步恶化的风险。早期习惯性的、根深蒂固的社交情绪问题大多难以改变，甚至会越来越严重，还可能对其青少年甚至成年时期的行为和心理健康产生负面影响。

儿童早期综合干预可以有效改善儿童早期发展结局。在 0～3 岁，家长积极为婴幼儿提供良好的养育环境，及时去除养育环境中的不良因素，既能让儿童一生健康受益，也是有效促进儿童早期发展的最具成本效益的投资⑥。

《指导意见》指出："充分调动社会力量的积极性，多种形式开展婴幼儿照护服务，逐步满足人民群众对婴幼儿照护服务的需求，促进婴幼儿健康成长、广大家庭和谐幸福、经济社会持续发展""保障婴幼儿的身心健康""提高婴幼儿照护服务能力和水平"。

综上，对于托育工作者来说，无论是为了更好地关注孩子的发育情况，还是为了给家长提供相应的建议，都必须掌握测评的基本知识。

但是，需要我们注意的是，每一个测评量表都有不同的使用要求和操作规范，如量表适合的施测年龄、施测内容、施测方法，等等。所以，在进行测评之前，必须掌握婴幼儿生理、心理发展的基本知识和常用测评量表的使用要求，才能够更好地为孩子和家长服务。

二、婴幼儿心理与行为测评的任务

婴幼儿心理与行为测评是对 0～3 岁婴幼儿的生理发育、心理发展情况进行测评，为其提供身心发育状态的评价。所以，婴幼儿心理与行为测评量表的使用对象是所有 0～3 岁婴幼儿，包括健康儿和患儿；测评的目的更重视对婴幼儿身心发育情况的评定。当代的生物—心理—社会医学模式要求我们在进行测评时，一定要注意从生理、心理、社会因素三方面对婴幼儿的发育情况进行评价。测评的任务包括以下几个方面。

（1）描述婴幼儿的身心发育情况，从生理、心理、社会三方面对婴幼儿的发育情况进行测量，为家长提供孩子的发育信息。

（2）评定婴幼儿的身心发育水平，比较不同婴幼儿间的差异。

---

① 洪秀敏、刘倩倩、张明珠：《家庭流动对儿童发展的影响——基于流动与非流动婴幼儿的倾向值匹配分析》，载《中国青年社会科学》，2022（41），89-97 页。

② 宋佳、张丹、李婧等：《江苏省幼儿家庭养育环境与幼儿社会性和情绪问题的相关性研究》，载《中国儿童保健杂志》，2016（24），256-259 页。

③ 李珊珊、王博雅、岳爱等：《贫困农村地区婴幼儿社交情绪发展现状及风险因素分析》，载《学前教育研究》，2018（4），14-27 页。

④ Nelson, H. J., Kendall, G. E., & Shields, L., "Neurological and Biological Foundations of Children's Social and Emotional Development: An Integrated Literature Review," J Sch Nurs, 2014（30）, pp. 240-250.

⑤ Cicchetti, D., "Developmental Psychopathology: Reactions, Reflections, Projections," Developmental Review, 1993（13）, pp. 471-502.

⑥ 朱宗涵：《养育照护是促进婴幼儿健康成长的重要保障》，载《中国儿童保健杂志》，2020（9），953-954、966 页。

（3）评定婴幼儿个体不同时期的身心发育水平，对其发育趋势进行预测。

（4）评定婴幼儿的认知、情绪、社会化、行为对其身心发育的影响。

（5）评定社会环境因素（家庭、托育机构、社会）对婴幼儿身心发育的影响。

三、婴幼儿心理与行为测评的作用

婴幼儿心理与行为测评工作，服务对象包括所有0～3岁婴幼儿群体和个人。对婴幼儿的身心发育情况的测评不仅能够让家长及时了解孩子的发育情况，也能对某些发育迟缓和疾病做到早发现、早诊断、早治疗，以最大可能地减少其对婴幼儿的伤害，同时也能为卫生管理部门制订健康计划和防治疾病措施提供重要依据。

姚凯南指出："儿童保健的核心是儿童发育行为心理的保健。"这个理念目前已被大家广泛接受。随着健康理念的全面推广，普通民众对于健康的关注达到了前所未有的高度。婴幼儿是一个家庭的焦点和希望，对婴幼儿的身心发育情况进行测评不仅关乎一个家庭的幸福指数，也对社会的发展和国家的相关政策产生重大影响。

生物—心理—社会医学模式要求我们进行测评时，一定要注意从生理、心理、社会因素三方面对婴幼儿的发育情况进行描述和评价。婴幼儿心理与行为测评的作用有以下几点。

（一）为家长提供孩子的发育水平信息

随着生活水平的提高，健康观念的普及，家长对婴幼儿身心发育水平的关注度大大提高，心理与行为测评可以为家长提供孩子身心发育的量化数据、相应年龄阶段婴幼儿的发育水平信息以及自家孩子的发育情况。

（二）为临床诊断和治疗提供信息

0～3岁婴幼儿的表述能力有限，通过心理与行为测评，我们可以描述孩子的心理行为特征、体格发育情况、动作发育情况、智力发育情况等。这些描述结果为临床诊断提供了丰富的信息，基于这些信息，对心理或行为发育迟缓的婴幼儿，我们能给予适时的指导，力争做到早发现、早干预、早治疗。另外，治疗前后心理与行为测评数据的对比，也能为功能训练或治疗效果做出判定。

（三）为医学科研提供信息

随着医学的发展，很多研究会涉及心理社会因素的作用，心理测评作为常用的量化手段，符合科研的要求。因此，对婴幼儿进行心理与行为测评可以为医学科研提供必要的数据信息，测评的结果也可以作为研究中分组的重要标准。

（四）为心理卫生政策的制定提供数据信息

随着健康观念的深化，流行病学不仅要评价人群的疾病的流行病学特点，还要评价不同群体的心理健康水平、社会适应能力等，以便有针对性地提出心理卫生政策和指导意见。使用量表作为筛查工具，用于流行病学调查，可以节省人力、物力。婴幼儿心理与行为测评能够描述婴幼儿个体和不同年龄群体的身心发育水平信息，为政府制定相应的心理卫生政策提供必要的数据信息。

学习效果检测

1. 试论述婴幼儿心理与行为测评的意义。

2. 婴幼儿心理与行为测评的任务是什么?

3. 婴幼儿心理与行为测评的作用是什么?

4. 实践运用:一位妈妈说自己1岁4个月的孩子一直不开口说话,有点担心,可是奶奶却说孩子爸爸小时候说话也很晚,妈妈很纠结要不要带孩子做体检。想一想,你该怎样向这位妈妈说明婴幼儿心理与行为测评的意义和作用呢?

文本资源

学习效果检测参考答案

学习任务 2
婴幼儿心理与行为测评的方法和技巧

学习任务单

项目	内容
学习目标	学习完本任务后，你应该能够： ①了解婴幼儿心理与行为测评的方法。 ②熟悉婴幼儿心理与行为测评的技巧。
学习要点	本任务的重点、难点： ①婴幼儿心理与行为测评的方法。 ②婴幼儿心理与行为测评的技巧。
学习建议	学习前： ①完成本任务下的案例导入活动。 ②初步了解婴幼儿心理与行为测评的常用方法和技巧。 学习中： ①试结合本任务开始的案例导入，谈一谈如果你是测评人员，你会怎么做。 ②情境模拟：两两组队，一人扮演孩子家长，一人扮演测评人员，模拟家长因 1 岁孩子身心发育可能存在问题，而正在向测评人员倾诉的情境，然后双方交换角色重复练习。请认真思考作为测评人员，你应该向家长推荐哪些方法对孩子进行测评，测评时有哪些方法和技巧，并记录下你的认识。 学习后： ①完成本任务后相关的学习效果检测。 ②有条件的，可以实地拜访你所在小区的几名婴幼儿家长，进行现场模拟演练。
学习运用	你觉得在哪些工作场景中可以运用到本任务所学内容？（请填写）
学习反思	请记录你在学习过程中的相关思考。（请填写）

案例导入

托育机构的男孩优优，2岁1个月，老师向家长反映在照护他时发现他经常在自由游戏时间和其他孩子抢夺玩具，抢到手之后扔掉继续抢；与他交流时发现他不理睬人，不看人，没有任何言语交流，只顾玩他自己的；喜欢用手反复转小汽车的轮子，喜欢把小汽车、积木、椅子、其他孩子的鞋子等很整齐地摆成排；高兴的时候，会长时间反复蹦跳。你作为测评人员，可以通过哪些渠道、使用哪些方式收集更多优优的信息？如果这个孩子需要测评，你会采用哪种测评方法？测评过程中有哪些技巧吗？

请带着你的疑问认真学习本任务内容，我们将对婴幼儿心理与行为测评的方法和技巧进行详细的阐述。

婴幼儿心理与行为测评的方法较多，有传统的医学检查方法，也有发育行为心理测量学技术，为了使测评的结果更具有科学性和价值，可以综合使用多种方法，使收集到的资料更全面。

一、婴幼儿心理与行为测评的方法

（一）婴幼儿心理与行为病历提纲

1. 一般资料

一般资料包括患儿的姓名、性别、出生年月、实足年（月）龄、就诊日期；父母亲的姓名、年龄、文化程度、职业；兄弟姐妹的年龄、学习或工作情况；病史提供者的姓名、与患儿的关系、对患儿了解的程度、所提供病史的可靠性及联系电话、地址等。

2. 主诉及现病史

主诉是指由抚养人主动提出的，要求解决的最主要问题。注意：此时最好让家长或患儿主动诉述，记录者不要过多干涉。

现病史是诊断的关键性资料，需要着重了解：发病的形式、症状表现；发病时间、病程；可能的病因、诱因；以往求医情况；发病前后的活动记录，如婴幼儿的绘画、录像视频及老师评语等。

3. 既往史

既往史包括既往健康状况，患过哪些疾病，是否有乙肝、麻疹等传染病史，是否有中毒、外伤、手术等病史，是否有输血史，是否有食物、药物过敏史以及预防接种问题史等。

4. 个人生长发育史

个人生长发育史包括围产期情况，如母亲孕期情况、出生史及喂养史等；发育情况，如语言、体格、智能、运动发育情况，大小便控制情况等；托育机构或早教中心的情况，托育老师的评价等；婴幼儿的情绪控制、社交情况、兴趣爱好、家庭养育环境等。

5. 家庭情况

家庭情况包括父母婚姻状况、经济收入、居住条件、父母身心健康状况；婴幼儿的主要养育情况，在家庭中的地位；有无家族遗传病及传染病；家族中有无患孤独症谱系障碍（autism spectrum disorder，ASD，以下简称孤独症）、社交障碍、智力障碍、语言发育迟缓、多动症、抽动症、抑郁症、精神分裂症等疾病者，家族中有无酒精、药物依赖人员等。

6. 体格检查及神经系统检查

婴幼儿内科的体格检查及神经系统检查。

7. 精神状况检查

（1）直接观察：从婴幼儿进诊室，父母或婴幼儿自己提供病史时，就应留意婴幼儿的行为、语言、认知水平、情绪、社会行为等表现。

（2）个别交谈：交谈时注意使用符合婴幼儿年龄或理解力的方式和语言，便于婴幼儿理解和做出适宜的反应。

观察或交谈的过程中，如果难以吸引婴幼儿的注意力，可以提前准备一些婴幼儿喜欢的玩具，和婴幼儿做一些简单的游戏，观察婴幼儿的各种行为表现。

8. 实验室检查

实验室检查指根据婴幼儿的身心发育情况所进行的有针对性的辅助检查，如血尿常规、生化、甲状腺功能、遗传代谢、染色体、脑功能影像学、脑电图等检查。实验室检查应该根据病情需要选择使用。如21-三体综合征患儿，进行发育筛查时仅能发现婴幼儿的智能发育落后、动作发育迟缓，最终确诊还需要依据染色体的检查结果。

（二）标准化测评

标准化测评又称标准化常模参照评价（standardized norm-referenced assessments，SNRAs），是用于测量儿童发展最常用的评价系统。标准化测评常通过一系列任务来考察儿童在某种能力上的表现，然后将这些结果与标准化量表中的参照标准进行比较。当被试为婴幼儿时，施测可能会有一定的困难，可以在测评的顺序、速度上适当地灵活一些，但是在施测规则上仍然要严格遵守，以便为临床医生的诊断提供较为准确的参考信息。

需要注意的是：对婴幼儿的某项测评仅能反映其在此方面的发育情况，不能反映婴幼儿身心发育的所有信息，更不能据此对婴幼儿的发展给出最终评价。而且，低龄婴幼儿容易受到外界环境等因素的干扰，托育人员对其进行测评评价时，要尽可能考虑到标准化测评的有效性和可行性，更要结合日常对婴幼儿言行的观察收集到的信息。总之，标准化测评量表种类丰富，测评的内容和作用各不相同，但是相互间又有支持和互补作用。最终选择使用哪种测评量表、测评方式，要综合考虑施测对象、环境、目的等多重因素（详细内容见学习模块一学习任务4）。

虽然，对婴幼儿的心理与行为进行量表测量非常重要，但是，使用其他方法进行检查也不容忽视。只有对心理与行为的测评方法有全面的了解，综合使用多种方法，熟悉婴幼儿群体或个体的具体情况，才能做出较为客观、全面的评价或判断，较好地完成对婴幼儿身心发育水平的测评工作，更好地服务家庭和社会。

二、婴幼儿心理与行为测评的技巧

正确地掌握收集婴幼儿发育史的技巧及相关检查方法并正确地进行测评，对于进行准确的临床诊断是非常重要的。收集婴幼儿心理与行为的相关资料是一项技巧性很强的工作。婴幼儿处于发育阶段，其心理和行为的发展均处于动态的变化中。因此，必须用发展的观点对婴幼儿进行心理与行为测评和病史采集。

0～3岁的婴幼儿语言虽然迅速发育，但是表述能力依然有限，所以，通常由其主要抚养人（多为父母）代述。因为不同人观点和关注点的差异，由此收集到的婴幼儿的身心发育信息较为间接、不全面和不准确。针对同一婴幼儿，不同的人提供的信息可能有差异，所以，我们在收集信息时要注意掌握一定的技巧。

（一）熟悉婴幼儿不同时期的身心发育水平及特点

只有熟悉不同时期婴幼儿的身心发育水平和特点，才能够准确地对其发育水平进行判断和评价。要注意到婴幼儿的身心发育除了有一般规律外，还有很大的个体差异，判断和评价时要有一定的灵活性。例如，我国的心理学家认为，婴幼儿的言语发生时间在 10～14 个月，如果有些婴幼儿在此阶段只能简单发声，但是不能说话，这种情况就需要家长注意了，但这并不意味着婴幼儿一定有问题，可能 15 个月的时候该婴幼儿就开始说话了。

（二）掌握交谈的技巧

掌握与婴幼儿家长交谈的技巧，可以丰富收集信息的内容，大大提高收集信息的可靠性和准确性。在和家长交谈时，首先要建立良好的关系，取得家长的信任。作为托育人员，我们可以从对某婴幼儿日常行动的观察切入，通过描述细节让家长感受到我们对婴幼儿的关注，这样就很容易建立良好的关系。对于我们发现的异常情况，可以详细描述，询问家长是否观察到类似的情况，可以用聊家庭常见话题的方式对家长进行适当的引导；对于重要信息，要灵活地抓住问题，围绕问题进行深入交谈，以掌握更丰富的资料，了解前因后果，为家长提供更为中肯的建议。

在向家长了解婴幼儿日常行为表现时，注意提醒家长尽可能详细地描述，避免掺杂过多个人情感。因为有的婴幼儿在不同的场合和不同人面前，表现会有一定的差异。

（三）观察婴幼儿的技巧

因为婴幼儿表述能力的局限，托育人员要注意日常对婴幼儿的观察。托育人员只有和婴幼儿有充分的接触机会，并具备敏锐的洞察力，才能够及时发现信息。托育人员可以在日常照料婴幼儿时，有意识地观察不同情境下婴幼儿的表现，并使用一定的技巧来收集信息。游戏是婴幼儿的主要活动，也是和婴幼儿沟通的良好途径。当婴幼儿专注玩游戏时，我们便获得了婴幼儿最真实情况的展示时期，也是对他们身心发育水平进行观察的最佳时机。例如，某些婴幼儿日常较为安静，行为不太积极，但是在游戏情境中能够积极参与，积极地和小伙伴进行互动。

多数婴幼儿表述自身的感受可能有一定的困难，托育人员可以以某个玩具或玩偶的身份与其交流、互动，鼓励婴幼儿用某个角色来表达，这样可以收集更为丰富的信息。

我们可以注意从以下几方面入手。

1. 观察眼神对视

了解婴幼儿在对视的时候，有无回避、眼神游离的情况，判断是否存在孤独症的可能，是否存在智力发育问题等。可以利用婴幼儿喜欢的物品或游戏观察婴幼儿的眼神交流。

2. 观察活动水平

观察婴幼儿在自然状态或游戏中是否存在与情境不相符的言行，如自言自语、多动、自伤、攻击等。

3. 观察动作协调性

观察婴幼儿在游戏、绘画、日常活动中是否手眼协调、动作灵活、步态协调等，以此了解婴幼儿的手眼协调性以及智力发展水平等。

4. 观察固执性

观察婴幼儿是否存在刻板、固执的行为，有无重复语言及特殊的偏好等，如有的婴幼儿喜欢反复旋转锅盖、出门必须走同一条路、必须穿黄色图案的衣服、重复说动画片中的某一句话等。

5. 观察冲动性

观察婴幼儿是否存在和当时情境不太符合的突发性言语和动作，是否对危险情境缺乏判断，是否存在对其他伙伴的干扰行为等。

6. 观察需求耐受性

观察婴幼儿是否特别不容易满足，是否容易缠着托育人员或某些伙伴，是否对托育人员或伙伴的情绪反应不能理解、接受。

7. 观察行为动机

观察婴幼儿的行为动机，在游戏中是容易放弃还是过于执着，在伙伴活动中是否善于合作。

婴幼儿由于其身心发育的特点，托育人员常使用观察法对其身心发育水平进行评价或判断，如观察婴幼儿在游戏、绘画等情境下的行为和语言等，但是此类方法有太多的主观成分且与托育人员的经验有密切的关系。

对于某些特定人群，如脑瘫患儿、抽动障碍患儿等个案的资料进行收集、整理和分析时，资料收集者都要严格遵守职业伦理规范，严格保密，以保护患儿的利益。

总之，对婴幼儿的身心发育情况进行测评时，必须注意婴幼儿的年龄，还要和婴幼儿当时所处的具体情境相结合。要注意，脱离科学的发育观、具体情境是无法对婴幼儿的身心发育水平是否偏离正常范围进行客观评价的。

（四）熟悉临床常用的测评量表

对婴幼儿进行较为客观、准确的身心发育水平测评，一定要熟悉临床常用的筛查类、发育诊断类量表，熟悉测评量表的内容、适测年龄、施测程序等（详情见本书学习模块一的学习任务 4）。

学习效果检测

1. 有哪些常用的婴幼儿心理与行为测评方法？
2. 使用交谈法对婴幼儿进行心理与行为测评时，有哪些技巧？
3. 使用观察法对婴幼儿进行心理与行为测评时，有哪些技巧？
4. 实践运用：一位妈妈说自己 1 岁半的孩子不会说话，不跟人交流，叫名字也不应答，做了听力检查，结果正常。孩子有时拿着一个瓶盖、一根线头就能玩很久，这让妈妈很担心孩子的发育出了问题。想一想，如何对这样的孩子进行测评？测评过程中应该注意使用哪些技巧？

文本资源

学习效果检测参考答案

学习任务 3
婴幼儿心理与行为测评量表的种类、结果分析与报告

学习任务单

项目	内容
学习目标	学习完本任务后，你应该能够： ①了解心理与行为测评结果分析及测评报告的书写。 ②熟悉心理与行为测评量表的种类。
学习要点	本任务的重点、难点： 心理与行为测评量表的分类
学习建议	学习前： ①完成本任务下的案例导入活动。 ②初步了解婴幼儿心理与行为测评量表的种类。 学习中： ①完成本任务中相关的互动活动。 ②了解筛查类测评量表和诊断类测评量表分别包括哪些内容，记录下自己的认识。 学习后： ①完成本任务后相关的学习效果检测。 ②假设你所在小区有2岁孩子的家长，咨询你有关测评结果的分析，尝试演练一下向家长解释和分析测评结果。
学习运用	你觉得在哪些工作场景中可以运用到本任务所学内容？（请填写）
学习反思	请记录你在学习过程中的相关思考。（请填写）

案例导入

如果你是早教中心的一位老师，你发现 1 岁 8 个月的玥玥语言表达少，仅仅会叫"爸爸""妈妈"，走路不是太稳，有时候会摔倒。你认为这个孩子需要做哪一类测评？你了解心理与行为测评量表的种类吗？对测评结果能进行初步的分析和解释吗？你对测评报告的内容有了解吗？

在本任务中，你将学习婴幼儿心理与行为测评量表的种类、结果分析与报告的相关知识，希望对你以后的学习和工作会有帮助。

一、婴幼儿心理与行为测评量表的种类

婴幼儿心理与行为测评量表可以按测评目的或性质分类，也可以按沟通方式分类，还可以按测评量表的功能分类。婴幼儿心理与行为测评量表主要是针对婴幼儿的不同情况做出评定，即使是诊断性量表，也主要是指"发育行为心理特点诊断"，而不是临床医学的疾病诊断。常用的婴幼儿心理与行为测评量表有以下几种分类方法。

（一）按测评目的或性质划分

在临床实践中，决定使用何种测评手段需要根据具体问题而定，同时考虑时间成本和测评成本等相关因素。根据测评目的、测评复杂程度的不同，心理测评量表通常划分为以下 3 种。

1. 筛查类测评量表

发育筛查常分为 3 个筛查过程，即非正规筛查、常规筛查、重点筛查。

（1）非正规筛查：包括在常规保健检查中观察婴幼儿，询问父母婴幼儿的发育情况，或对婴幼儿进行与年龄相符的发育筛查。实施非正规筛查时，施测者主要依赖与父母谈话提供的信息，不宜单凭直接观察进行记录。其优点是简便易行、所需时间和资料少；但对经验不足的施测者，以及具有生物或环境高危因素的婴幼儿，应使用常规筛查方法。

（2）常规筛查：主要运用标准化测评工具对群体婴幼儿进行系统的发育筛查，适合于群体婴幼儿的预防保健工作。实施标准化的预先筛查，可以节省时间、人力及费用，如 DST 和 DDST 等。

（3）重点筛查：适用于一些高危疾病如脑性瘫痪、遗传代谢病的婴幼儿，其次适用于具有高危因素出生的婴幼儿。重点筛查也可针对医生、教师或托幼机构及社区怀疑有问题的婴幼儿实施。

常见的筛查类测评量表有 NBNA、预警征、DST、DDST、CDI 等。

进行发育筛查时的注意事项如下。

（1）婴幼儿应该重点接受发育筛查。筛查结果不能用于诊断，如筛查结果不能作为发育迟缓的诊断依据。筛查结果不合格时不能直接得出结论，需要做进一步的诊断性评定才能下结论。对于早产、低出生体重的婴幼儿，应建议其父母第一年根据婴幼儿的具体情况增加发育筛查的次数，也可以使用调查问卷或用口头提问的方式进行调查，及早识别潜在的问题。

（2）发育筛查应遵循指导方针。尽管发育筛查操作简单、经济方便，但是进行筛查的人员也一定要受过良好的培训才能进行操作，通常可以由经过培训的护士或技师进行筛查。发育筛查应遵循以下指导方针：①筛查工具使用时应符合它的特殊目的，应可靠和有效；②进行筛查的人员需经过详细和综合的专业培训，筛查人员对筛查工具越熟悉，筛查结果就越有效；③发育筛查应基于婴幼儿发育的周期性和阶段性特点；④筛查过程应有家庭成员参加，并应利用多种途径的信息；⑤发育筛查结果不通过或可疑应作为进一步评定的依据。

（3）如果婴幼儿所患先天性疾病或慢性病的临床表现涉及认知、动作、言语、社交或者感觉障碍时，应

建议他们到医疗机构进行相应的评估、诊断和治疗。但是，那些由于生物学因素（如颅内出血、出生窒息或脑膜炎）或环境因素（如物质滥用的父母）而处于高危情况的婴幼儿，必须定期接受发育筛查。如果没有通过筛查测试，要建议他们除此之外，还要进行多学科的临床评估。

2. 诊断类测评量表

诊断类测评量表针对发育、认知、社交、语言、动作、适应性等功能开展，相比筛查类测评量表的筛查结果，诊断类测评量表的测评结果通常对临床诊断具有更强的预测性，或者提示可以作为临床诊断的依据之一，如 GDS、儿心量表-Ⅱ、GDS-C、CD-CC、PDMS-Ⅱ 和 BSID 等。

3. 专项测评量表

专项测评量表通常针对一些特殊领域进行测评，如孤独症行为量表（Autism Behavior Checklist，ABC）、改良婴幼儿孤独症量表（Modified Checklist for Autism in Toddlers，M-CHAT）中文修订版、儿童孤独症评定量表（Childhood Autism Rating Scale，CARS）等。

（二）按沟通方式划分

按沟通方式，可分为言语测验和非言语（或称操作）测验两类测评量表。

1. 言语测验

言语测验是以言语来提出刺激，受测者用言语做出反应的测验。主要用言语进行施测者和受测者间的沟通。大部分心理测验都属于该类。言语沟通常分为口头和书面两种。

在临床上使用言语测验进行测评，可以了解受测者以言语为中介的智力、记忆等。人们在正常状况下，智力有言语或操作方面的优势，在不同的病理情况下，可发生选择性损害，一些有肢体残疾而言语无障碍的患儿只能进行言语测验。部分测验在同一测验中可能包括言语和非言语两部分，如 GDS、儿心量表-Ⅱ、GDS-C、韦氏学前儿童智力量表（Wechsler Preschool and Primary Scale of Intelligence，WPPSI）、S-M 量表等。

2. 非言语（操作）测验

非言语（操作）测验是为了解受测者的操作能力或不能用言语测验者而设计的一类测验。操作是指以身体行为进行沟通，如用动作、表情来进行反应。在非言语（操作）测验中，施测者可以用操作，也可以用言语呈现刺激，但受测者的反应必定是操作性的。对选择性缄默症患儿，因其与施测者无法进行言语沟通，需要选择非言语（操作）测验。常见的非言语（操作）测验有 NBNA、PDMS-Ⅱ 等。

（三）按测评量表的功能划分

1. 能力测验

能力测验包括认知测验、发展量表、各种能力测验和特殊才能测验等，属于心理测验的重要一类。智力测验在临床上用途很广，在研究智力水平和其他病理情况（如神经心理）时都是必须使用的工具。儿童发展量表也与智力有关。根据测评的目的，可以分为筛查类测评量表与诊断类测评量表。筛查类测评量表常用于基层初步检查使用，如预警征，其筛查对象是定期接受基本公共卫生服务的社区儿童，作为 0～6 岁儿童致残筛查的筛查工具，在基层社区儿童保健查体时可以使用，还应用在《母子健康手册》中，供父母参考，及时发现发育中存在的问题和风险，发现异常者可转诊县级妇幼保健系统，进一步采用 DST 或 DDST 等筛查量表，依然发现有问题者再转诊省市或专科医院，使用 GDS、儿心量表-Ⅱ、GDS-C、WPPSI 等进行诊断。一些疾病会影响智力发展，早期诊断和治疗才能减少或消除其对智力发育的危害。

2. 适应行为测评量表

适应行为是个体在其生活环境中满足各种自然要求和社会要求的行为，由多种行为构成，其中动作、语言、生活自理、人际交往等是最基本的要素。个体适应行为的发展水平依年龄不同而有不同的评价标准：婴幼儿时期主要通过感觉运动技能、言语沟通技能、生活自理技能及初步的社会化技能来评价；儿童期到青年初期主要通过基本的学习技能、对周围环境的推理判断能力、参加集体活动和处理人际关系等社会技能的发展来评价。适应行为测评往往无法通过智力测验完成，应设立独立的专门量表。虽然标准化的智力测验为儿童智力障碍诊断提供了有力参考，但不再单独用于智力障碍受损严重程度分类，而是通过适应功能的损伤程度来区分。因此，适应行为的测评也是非常重要的。适应功能缺陷是指个体的适应功能未能达到保持个体的独立性和完成社会责任所需的发育水平，需要持续的支持。在没有持续支持的情况下，适应功能缺陷导致患儿一个或多个日常生活功能受限，如交流、社会参与和独立生活，且发生在多个环境中，如家庭、学校、工作环境和社区。现在已有一些用途很广的适应行为测评量表，如 S-M 量表，包括独立生活能力（SH）、运动能力（L）、作业能力（O）、交往能力（C）、参加集体活动能力（S）、自我管理能力（SD）6 个领域，共 132 个项目，132 项内容分布在儿童整个年龄阶段 6 个领域中。

3. 社会及家庭环境类测评量表

儿童的发育行为和心理问题与社会环境、家庭养育环境有密切关系。对于婴幼儿，社会环境包括居住环境，幼儿园、学校环境，师生关系等；家庭养育环境包括父母或抚养人的文化程度、职业和社会资本、育儿理念、教养方式，家庭关系，家庭结构，家庭的稳定性，经济收入水平，家庭内部空间和布局，周边儿童设施等。常用的社会及家庭环境类测评量表有 0～6 岁儿童家庭养育环境量表、婴幼儿养育问卷等。

二、心理与行为测评结果分析

（一）心理与行为测评结果的真实性

1. 施测者的影响

婴幼儿的许多他评量表往往是由其主要抚养人（通常是父母）填写的，他评量表容易受施测者（即父母、其他主要抚养人等）的主观影响，如 S-M 量表、ABC、M-CHAT。不同抚养人填写的量表有可能得出不同的结果。这样，就会影响量表测评结果的真实性。为减少误差，最好由最了解孩子情况的抚养人填写。

2. 受测者的影响

心理与行为测评通常需要孩子的配合，年龄较小或发育落后的孩子常常缺乏配合能力，可能会影响测评结果。如果孩子哭闹不配合测评，这时不要急于测评，要根据孩子的年龄大小、能力和水平做一些相应的互动游戏，与孩子建立信任关系后，他们的哭闹可能会慢慢停止，此时再介入测评。测评人员必须具有很好的心理素质和熟练的测评技巧，充满爱心和耐心，因势利导，这样就可以降低这方面的误差。

3. 光环效应

光环效应指的是施测者受到受测者一个好的或坏的特征不适当的影响，继而影响对其他特征的判断。优秀的施测者应当在评价过程中时常提醒自己避免这种光环效应的影响。

4. 极端分数

一些施测者在评分时习惯于选择量表中段，避免极端分数，所产生的结果可以使分数的分布范围偏窄，区分效果下降，出现趋中端，这常常会影响数据，因此建议编制量表时，一部分条目采用否定句的方式，以减少极端分数的出现。

（二）测评分析者必须熟悉量表的各种性能

心理与行为测评量表结果的分析者必须非常熟悉量表的各种性能，包括量表使用的目的和对象、常模或样本的特征及局限性、量表的信度效度指标以及灵敏度和特异度。只有结合这些指标，对测评结果进行综合分析和判断，才能得出准确、可靠的结论。

正确理解实施临床心理测评的目的和正确解读临床心理测评的结果极为重要。各种心理与行为测评为临床医生的诊疗提供了有力的参考信息，但临床医生切不可仅凭测评结果进行盲目诊断。临床医生对测评结果进行分析时，必须结合临床观察和患儿病史，正确解读测评结果，并结合其他检查的检验结果，为家长提供进一步的评价和指导建议。

三、测评报告的书写

书写测评报告是测评的重要步骤，医生、测评人员和家长等可通过测评报告了解受测者。如何写好报告，如下是一些基本内容和要求。

1. 一般资料

（1）受测者的姓名、性别、年龄、出生日期、籍贯、民族、职业、住址等。

（2）施测者（检查者）的姓名、检查地点及日期。

2. 申请测评理由

包括申请人和需要解决的问题。

3. 测评量表（测验）的名称

说明采用的是哪种测评量表（测验）。

4. 有关历史

特别是与测评内容有关的历史。

5. 测评时的行为观察

通常可从以下几方面着手：

（1）仪表；

（2）测评情境的适应；

（3）合作程度；

（4）努力程度；

（5）注意力；

（6）对测评或测评中某一特殊部分及施测者的态度；

（7）言语（包括声调高低、快慢，词语表达能力）；

（8）测评时的主动性；

（9）社交能力；

（10）焦虑的证据；

（11）从一个活动转换到另一个活动的能力。

6. 测评结果的解释

根据婴幼儿的具体表现和每种测评量表的具体要求，做出合理的解释。

7. 总结

包括结论、建议和申请测评以外的发现，建议应针对申请测评理由做出。用词要求简洁、精确，要抓住要点。

下面列举一份婴幼儿心理与行为测评报告。

> **典型案例**
>
> 0～6岁婴幼儿发育检查测评报告
>
> **姓名**：×××　　**性别**：男　　**年龄**：30.4月　　**出生日期**：2019年04月11日
>
> **住址**：河南省安阳市内黄县　　**民族**：汉族　　**检查日期**：2021年10月23日
>
> **检查者**：×××　　　　**测评地点**：评估室
>
> **测评项目**：Gesell发育诊断量表
>
> **申请测评理由**：以"发现叫名无反应、语言倒退9个月"就诊。患儿1岁2个月会主动叫"爸爸""妈妈"，1岁半会叫简单称呼，会说"抱抱""拜拜""走""奶""狗"，1岁7个月之后语言逐渐出现倒退，叫名字无反应，无明显目光对视，1岁9个月时仅会无意识叫"妈"，在安阳市人民医院就诊，进行相关测评分析后怀疑是"孤独症"，给予康复训练半月余，效果欠佳，后转至内黄县妇幼保健院康复训练半月余，无明显效果。2岁半至郑州大学第三附属医院儿童发育行为科就诊，患儿主动语言量仍然较少，仅在有特别需求时叫"妈妈"，叫名字无反应，眼神对视少，不听指令，不与小朋友交往，喜欢独自一人玩，爱啃手指，喜欢玩"挖掘机"、圆球、积木、小勺，有需求时会拉大人的手，不会用食指指物，无共同关注，精细动作、生活自理能力均较同龄儿差，不会示意大小便，大运动能力尚可。患儿既往病史、出生史、家族史及听力、头颅核磁共振、脑电图、甲状腺功能、遗传代谢等检查均无异常。
>
> **行为观察结果**：患儿五官端正、英俊，体格发育正常，运动能力好，呼名无应答，喜欢独自玩，不与人交往，有需求时偶尔叫"妈妈"，认知理解能力差，不会指认五官，不会指认常见物品，眼神对视少，不听指令，反复把积木、小汽车整齐地排成一排，不炫耀，自言自语，没有共同关注，高兴的时候独自长时间蹦跳。
>
> **1. Gesell发育诊断量表的测评结果**
>
> | 能区 | 发育年龄（DA）（月） | 发育商（DQ） | 评价 |
> | --- | --- | --- | --- |
> | 适应性行为 | 17.27 | 57 | 轻度发育迟缓 |
> | 大运动 | 26.13 | 86 | 正常 |
> | 精细动作 | 17.97 | 59 | 轻度发育迟缓 |
> | 语言 | 7.47 | 25 | 重度发育迟缓 |
> | 个人—社交行为 | 14.70 | 48 | 中度发育迟缓 |
>
> **2. 测评结果解释**
>
> （1）适应性行为：适应性行为是5个能区中最重要的能区，测试婴幼儿对物体（玩具）的组织、对相互关系的理解、知觉和解决问题的能力等。该患儿的适应性发育年龄为17.27月，发育商为57，为轻度发育迟缓。说明该患儿对物体相互关系的理解及解决问题的能力等落后于正常同龄婴幼儿。
>
> （2）大运动：测试婴幼儿的姿势反应，包括抬头、坐、站、爬、走、跳等粗大运动能力。该患儿大运动发育年龄为26.13月，发育商为86，为发育正常。

（3）精细动作：测试婴幼儿手和手指抓握、操纵物体、手眼协调等能力。该患儿精细动作的发育年龄为17.97月，发育商为59，属于轻度发育迟缓。说明该患儿的手眼协调、操作物体等能力落后于正常同龄婴幼儿。

（4）语言：测试婴幼儿语言理解、模仿及表达思维的能力。该患儿的语言发育年龄为7.47月，发育商为25，为重度发育迟缓。说明该患儿的语言理解、模仿及表达能力明显落后于正常同龄婴幼儿，是5个能区中发育迟缓最严重的能区。

（5）个人—社交行为：测试婴幼儿的应人及自理能力。该患儿个人—社交行为的发育年龄为14.7月，发育商为48，为中度发育迟缓。说明该患儿的社交及生活自理能力落后于正常同龄婴幼儿，是该患儿的弱项。

3. 测评过程中的表现

患儿认知理解及语言表达能力差，不会模仿语言，不会命名常见物品，不听指令，来回跑，表情不丰富，呼名无反应，与人互动差，自言自语，有需求时拉妈妈的手，不会食指指物，眼神交流少，反复装倒积木，不炫耀，没有共同关注，对爸爸妈妈的离开无反应。

4. 总结及建议

该患儿5个领域发展不平衡，大运动发育正常，适应性行为、精细动作、语言、个人—社交行为均有不同程度的发育迟缓，语言为重度发育迟缓，个人—社交行为为中度发育迟缓，适应性行为及精细动作均为轻度发育迟缓，以上测评结果证实了患儿家长报告的情况。结合患儿的表现及测评结果，考虑患孤独症。建议家长带孩子到专业机构给孩子尽早安排干预训练，家长在日常生活中多与孩子进行简单的游戏活动，在日常生活和游戏中可以促进孩子语言的理解、模仿和表达，目光对视和社交技能的学习等。另外，建议家长不要太快满足孩子的需求，让孩子适当等待，可以在生活中设置一些场景，如够不着、拿不到、突然停顿等来促进孩子语言的表达。假如孩子吃饭时没有勺子，妈妈可以拉着孩子到厨房，指着勺子说"勺子"，经过反复多次的练习，孩子慢慢就会模仿说"勺子"了。模仿时，句子不要太长，在孩子语言的基础上适当增加1～2个字即可。要在生活中训练，在训练中生活。

🔊 备考指南

2019 年心理治疗师真题

在分数解释的过程中，往往要有不同的参照标准，常模参照分数就是把受测者的成绩与具有某种特征的人所组成的有关团体做比较，根据一个人在该团体的相对位置来解释报告他的成绩。那么，下列关于常模的说法中，不恰当的有（　　）

A. 常模团体是指具有某种共同特征的人所组成的群体

B. 在编制常模时，必须清楚说明所要测量群体的性质与特征，如年龄、性别等

C. 样本大小要适当，而取样过程不必详细描述

D. 注意常模的时间性

E. 一般常模与特殊常模相结合

参考答案：C

【答案解析】

常模团体是由具有某种共同特征的人所组成的群体。在确定常模团体时要注意以下几个问题：第一，群体的构成必须界定；第二，标准化样本必须是所要测量群体的一个代表性取样；第三，取样的过程必须详尽描述；第四，样本大小要适当；第五，要注意常模的时间性；第六，要将一般常模与特殊常模结合起来。因此选项C说法错误，故正确答案选C。

学习效果检测

1. 心理与行为测评量表按测评目的或性质可划分为几类？每类请举出 1~2 种量表。

2. 常见的诊断类测评量表有哪些？

3. 婴幼儿心理与行为测评量表按功能可分为几类？

4. 列举一份完整的婴幼儿心理与行为测评报告。

文本资源

学习效果检测参考答案

学习任务 4
婴幼儿心理与行为测评量表的选择原则、实施过程及注意事项

学习任务单

项目	内容
学习目标	学习完本任务后，你应该能够： ①了解心理与行为测评的实施过程。 ②熟悉婴幼儿心理与行为测评前的准备工作及测评注意事项。 ③掌握心理与行为测评量表的选择原则。
学习要点	本任务的重点、难点： ①心理与行为测评量表的选择原则及测评前的准备工作。 ②婴幼儿心理与行为测评的注意事项。
学习建议	学习前： ①完成本任务下的案例导入活动。 ②初步了解婴幼儿心理与行为测评量表的选择、测评过程及测评的注意事项。 学习中： ①完成本任务中相关的互动活动。 ②情境模拟：两两组队，一人扮演孩子家长，一人扮演测评人员，再找一布娃娃充当 1 岁幼儿，模拟家长因孩子语言发育迟缓而向测评人员求助的情境，然后双方交换角色重复练习。请认真思考作为测评人员，你要如何选择测评量表，有哪些注意事项，并记录下你的认识。 学习后： ①完成本任务后相关的学习效果检测。 ②有条件的，可以实地拜访你所在小区的一名婴幼儿和其家长，进行现场模拟演练，演练内容是家长向你咨询有关孩子的测评量表该怎么选择和测评有哪些注意事项。
学习运用	你觉得在哪些工作场景中可以运用到本任务所学内容？（请填写）
学习反思	请记录你在学习过程中的相关思考。（请填写）

案例导入

一对父母带着 1 岁 8 个月的男孩来到医院的儿童发育行为科就诊，从进诊室的那一刻起，医生就仔细地观察孩子的一言一行：孩子是独自走进诊室的，姿势无异常，面容无特殊，但很少微笑。家长告诉医生，跟他一样大的孩子都会叫"爸爸妈妈"了，但他们家的孩子还不会说话。医生详细询问了孩子从母亲孕期一直到目前的疾病史，未见异常。医生又仔细观察了孩子的行为，并想方设法与之互动，但孩子只顾玩自己的，根本不理睬人，与人无目光交流，不听任何指令，一直摆弄汽车轮子，高兴时会反复蹦跳。针对这个孩子，医生开了相关的检查、检验以排查有无器质性疾病，结果孩子大脑发育、听力等都未见异常。接下来，要对孩子测评，那么，该怎样选择测评量表？测评的实施过程是怎样的？测评时有哪些注意事项？

本学习任务将围绕婴幼儿心理与行为测评量表的选择原则、实施过程及注意事项展开，希望能够对你今后的学习与工作有所帮助。

一、心理与行为测评量表的选择原则

在使用心理与行为测评量表之前，选择哪一种或哪几种测评量表进行测评是测评组织者和使用者首先要考虑的问题。选择心理与行为测评量表时，需要根据以下几个原则。

（一）目的性原则

由于每一个测评量表都有其特殊的用途和使用范围，所以使用者首先应当了解各种测评量表的功效、特长及优缺点。所选测评量表必须适合测评的目的。根据不同的目的要选用不同的测评量表，否则就会造成测评使用不恰当。例如，怀疑 2 岁的孩子存在智能发育落后，可以应用 DST 以便早期发现孩子的发育偏离，早期对家长进行指导。

（二）符合心理测量学要求原则

选择测评量表时，还应考虑该量表是否经过了标准化，它的信度、效度如何，敏感度及特异度如何，常模样本是否符合测评对象等。例如，国外的常模和过去的常模不一定符合当下我国的实际情况。使用者应首先根据测评的目的选择标准化程度较高的量表，这样得出的测评结果才能具有更好的客观性和真实性。

拓展阅读

心理测量学的几个关键术语

信度：同一受测者在不同时间用同一测验（或用另一套相等的测验）重复测验，所得结果的一致程度。信度主要是指测量结果的可靠性、一致性和稳定性，即测量结果是否反映了受测者的稳定的、一贯性的真实特征。和信度相关的一个概念是效度，信度是效度的前提条件。信度只受随机误差的影响，随机误差越大，信度越低。信度用系数来表示，一般系数越大，说明一致性越高，测得的分数越可靠，反之则相反。

效度：即有效性，它是指测量工具或手段能够准确测出所需测量的事物的程度，或者简单地说是指一个测验的准确性、有效性。测量结果与要考察的内容越吻合，则效度越高；反之，则效度越低。效度分为三种类型：内容效度、准则效度和结构效度。效度是科学的测量工具所必须具备的最重要的条件。

敏感度：又称真阳性率，是指通过量表正确测量出有问题儿童的比例或者说是实际患病又被诊断标准正确地诊断出来的百分比。

特异度：又称真阴性率，是指经过量表正确判别为正常儿童的比例，或者说是实际无病按该诊断标准被正确地判为无病的百分比。

（三）功效性原则

量表的功效性是指所使用的量表能否全面、清晰、真实地反映所要评定的内容特征，这与量表本身的内容结构有关。质量好的量表应该项目描述清晰，等级划分合理，定义明确，能反映出行为的细微变化。量表尽可能简短，又不缺少必要的细节。例如，S-M量表包括独立生活能力、运动能力、作业能力、交往能力、参加集体活动能力、自我管理能力6个部分132个项目，可以全面、真实地反映日常生活和行为的各个方面。

（四）可分析性原则

可分析性指量表应有比较标准，如常模或描述性标准。分析方式有手工分析和计算机分析。量表中的单项分、因子分及总分都是常用分析指标。总分常反映受测者总的情况和变化，单项分、因子分则是分析受测者特质、行为或程度上差异的主要指标。例如，儿心量表-Ⅱ包括大运动、精细动作、语言、适应能力和社会行为5个能区261个项目，不仅有总的发育商和智龄，而且每一能区都有发育年龄和发育商，可以全面、真实地反映婴幼儿行为发育的各个方面。

二、心理与行为测评的实施过程

（一）测评前的准备工作

测评前的准备工作是保证测评顺利进行和测评实施标准化的必要环节。准备工作主要包括以下几个方面。

1. 预告测评

事先应当通知受测者，保证受测者知道确切的测评时间、地点、内容及测题的类型等，使受测者有一定的准备，能及时调整自己的情绪和状态。如果没有事先告知，搞突然袭击，会使受测者的智力、体力和情绪处于混乱状态，不利于接受测评。

2. 准备测评材料

施测者应检查问卷、测评本、答卷纸、笔、器材等测评所需材料是否完整。测评过程中所用的材料都必须在测评前清点、检查和摆放好，以免忙中出乱。有仪器时，应当提前检查和校验，保证仪器有良好的工作状态。

3. 熟悉测评指导语

指导语通常包括两个部分，一是对受测者的指导语，二是对施测者的指导语。对受测者的指导语一般印在测验的开头部分，由受测者自己阅读或施测者统一宣读。由于施测者的一言一行，甚至表情动作都会对受测者产生影响，所以施测者一定要严格按照施测指导书中的有关规定去做，不要有任何发挥和解释。对于施测者来说，熟悉测评指导语是最基本的要求，这能使受测者在测评中感到自然轻松，否则会影响测评结果。

4. 熟悉测评的具体程序

测评的实施由受过专门训练的人来完成，应严格按使用手册规定的步骤进行，施测者应熟知测评程序。如应用GDS测评时，会涉及适应性行为、大运动、精细动作、语言、个人—社交行为这5个能区谁先谁后及如何示范等具体程序。

5. 设置合适的测评环境条件

测评环境会对测评的结果造成影响。例如，在酷暑和正常环境下测评的结果会有差

想一想

如果怀疑孩子心理行为发育异常，认为孩子需要测评，那么，测评前需要做哪些准备工作？

学习笔记

别。因此，测评的房间要相对独立，布置简单，色彩单一，光线柔和，安静，温度适宜，使用座椅的高低大小要适宜舒适。施测者必须对测评时的光线、通风、温度及噪声等物理条件做好安排。对于测评的环境条件，不仅必须完全遵从测评手册的要求，而且还要记录任何意外的测评环境因素，并且在解释测评结果时将其考虑在内。另外，进行测评时，不能有外界的干扰。为此，要在测评室的房门外挂一个牌子，示意正在进行测评，旁人不许进入。

备考指南

心理治疗师(中级)考题

下列对测评的理解正确的是（　　　）

A. 测评可以解决人的心理问题

B. 通过测评完全可以诊断受测者的心理问题

C. 由于心理测评的理论不完善，因此尽量避免使用心理测评技术

D. 进行诊断时不应该只依靠心理测评

参考答案：D

拓展阅读

施测者的资格

施测者的资格包含技术和道德两方面的要求。在技术方面，施测者必须具备一定的知识结构、心理测评专业理论知识和相应的专业技能；在道德方面，施测者需恪守测评工作者的职业道德。

施测者的知识结构是指开展心理测评工作所必须具备的基础知识和专业知识。在基础知识方面，主要包括普通心理学、发展心理学、社会心理学以及心理统计学等广泛的心理学基础知识。在专业知识方面，不但要具备人格心理学、能力心理学、变态心理学的知识，而且还应根据自己的工作领域具备相应的本行业的专业知识。

施测者的职业道德方面，要求测评的保密和控制使用。对测评的保密是为了保证测评的价值。控制使用是指并非所有的人都可以接触和使用测评，测评的使用者必须是经过专业训练和具备一定资格的专业人员，切不可将测评借给不够资格的人员使用而导致滥用和误用。另外，还要保护受测者的个人隐私。

学习笔记

（二）测评实施的程序

1. 按指导语要求开始测评

测评中施测者应按照指导语的要求实施测评，不带任何暗示。当受测者询问指导语的意义时，尽量按中性方式做澄清。如询问有些词的含义时，应尽量按词典的意义来解释。测评前不讲太多无关的话。对于受测者的反应，施测者应保持和蔼、微笑，不应做点头、皱眉、摇头等暗示性动作，也不应让受测者看见计分情况，可以用书本等物品挡住，从而避免影响受测者的情绪，还能避免分散受测者的注意力。

2. 填写测评量表

填写测评量表时，首先应填写受测者的一般资料，如姓名、性别、年龄、出生日期、通信地址、出生情况、喂养及生长史、主要抚养人、既往疾病等。婴幼儿的测评量表一般是他评量表。测评的依据多数由知情者提供，这种测评方法也称间接评定法。有

些测评量表是通过施测者自己对受测者进行系统的观察直接记录量表各项目的评分，这种方法称为直接评定法。不管是哪种评定方法，施测者最好与受测者现场见面和交谈，以取得某些准确证据或判断资料来源的可靠性。要做到计分或评分的标准化，必须及时、清楚地记录反应情况，这样才能获得可靠的原始分数。受测者每一项目的回答均按原话记录，待测评结束后进行评分。最后，施测者整理测评结果，对照评分标准进行评分。

> **想一想**
> 给受测者测评前，要先填写受测者的一般资料吗？施测者对受测者进行测评时，一边测评，一边记录反应情况，还要进行评分吗？如果是的话，这样做会影响施测者的工作效率吗？

学习笔记

3. 结果换算

测评量表各项目评分需要累加为因子分（或分量表分）和总分，这些分数为原始分。有些测评量表要求做进一步转换，将原始分转化成各种形式的标准分数或百分位数，或者做加权处理等。测评量表编制者提供的常模表就是原始分数的转化表，它为测评量表使用者提供了一种方便易行的、由原始分数向导出分数转化的方法。

4. 解释测评结果和形成测评报告

为了达到测评量表的使用目的，需要对各种测评结果进行分析，提出结论，并对其意义进行解释。测评的过程和对测评结果的解释要科学和严谨。要有专业人员负责对测评结果进行解释。解释时应避免使用专业术语，要用通俗的话来解释量表分数及所代表的意义。将测评的主要结果、结论及解释用文字的形式总结成测评报告。报告用语要精确明了，解释合理。对需要治疗的婴幼儿，报告应给予治疗计划和干预措施的相关建议。婴幼儿心理与行为测评实施过程流程见图 1-1。

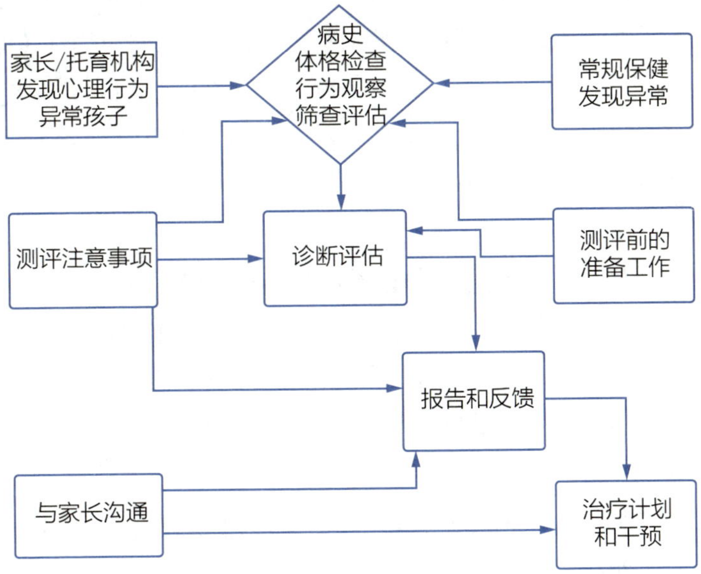

图 1-1　婴幼儿心理与行为测评实施过程流程图

三、心理与行为测评的注意事项

（一）建立友好信任关系

在测评中，施测者和受测者之间要形成一种友好的、合作的、能促使受测者最大限度地完成测评的关系。受测者如果不信任施测者，便不能很好地合作，甚至无法进行测评或影响测评结果的准确性。施测者要根据受测者的年龄、性别、性格及所患疾病的性质调整自己的交往方式，尽可能地激发受测者的兴趣，使其积极地应试。对于不同的受测者需采用不同的对待方式。在测评婴幼儿时，应考虑到婴幼儿对陌生人的胆怯、恐惧和分心等特点，测评时也应当更灵活、有趣，施测者应以友好、愉快、轻松的自然态度与其交流，让其慢慢熟悉环境，或采用游戏的方式进行测评，以增加其兴趣，减轻焦虑。

（二）取得知情同意

孩子来就诊时，应向家属说明选用此测评量表的意义，并征得就诊者家属的同意。患儿家属有权知道为什么要进行心理测评和为什么要选用这种而不是其他测评工具。尊重患儿及家属的权利。只有当患儿及家属表示同意并愿意密切配合时，才可以实施测评工作。

（三）不得使用"地毯式轰炸"方式实施测评

所谓"地毯式轰炸"方式，是指：①在不理解各种心理测评量表本身独有的功能，对临床表现尚未形成印象时，便将各种测评量表混在一起实施，以期从中寻求可能的临床线索，这种抛弃会谈法和观察法，单纯依靠测评法的方式是不可取的；②只为了经济利益而大量地、目的性不强地使用心理测评量表是职业道德所不允许的，此种方式测评目的不太明确，测评内容太多，花费高，持续时间长，孩子配合度差、易哭闹，还会造成家属的不满情绪，甚至投诉、要求退费等。

（四）重视个人隐私的保护

心理测评人员应尊重受测者的人格，对测评中获得的个人信息要严格保密，并由有资格的专业人员妥善保管。除非涉及对个人或社会可能造成危害的情况，才须告知有关部门。

（五）不得乱用心理测评量表

所谓乱用心理测评量表，是指：①目的不明确、依据不充分地随意使用；②单纯依据心理测评结果，不与临床表现相对照，片面地给出诊断和制定矫治措施；③未查明某种心理测评量表自身可靠性（信度、效度）以及常模的时限便在临床上使用；④在诊断目的以外，使用心理测评量表；⑤不按心理测评的程序要求和操作规定实施心理测评；⑥超出某种心理测评量表自身功能，主观地对数据和结果进行解释；⑦使用盗版软件实施心理测评；⑧将直接翻译而未修订的测评工具用于临床。

（六）准确处理受测者家属在测评中的提问

受测者家属在测评时往往会提出两类问题：一类是关于疾病和治疗的问题，另一类是与测评有关的问题。施测者不用过多地与其讨论疾病等问题，否则会延误时间并分散注意力。施测者应努力取得受测者的合作，测评过程中，施测者可以说"好"，但不说"对""错""不对""不错"。如果说"不对"或"错"，部分婴幼儿受测者会因此而生气，甚至大发脾气，以至于无法进行后续的测评。

（七）善于观察受测者的行为

在心理测评时，要求施测者具有娴熟的测评技术以及敏锐的观察能力，还要有处理问题的技巧。施测者要注意观察受测者的情绪状态、注意力是否集中、是否很好地了解了指导语、是否愿意做好测评、有无影响测评的外来因素等。在观察中，既要仔细认真，又不能干扰测评进行。如果受测者注意力分散了，测评人员需要先吸引受测者的注意力，再接着测评，否则测评人员发的指令对受测者来说是无效的。

（八）针对不合作婴幼儿善用测评技巧

心理与行为测评通常需要婴幼儿配合。对于年龄较小或发育落后的婴幼儿，虽然他们缺乏配合的能力，但相应的心理与行为测评往往是切合他们的状况设计的，因而能够反映他们的真实情况。实际操作中很少有因婴幼儿不配合而终止测评或放弃测评的情况。如果遇到婴幼儿情绪、行为特别反常，心理测评人员可以根据婴幼儿的情况，采用专业技巧使他们配合测评，具体技巧如下。

（1）测评之前，告知家长让孩子吃饱、喝足、睡好，精神状态好，穿着舒适，无疾病，家长陪同。

（2）如果孩子一进到测评室就哭闹、要离开，这时不要急于测评，可以根据孩子的年龄大小、能力水平做一些相应的互动游戏，与孩子建立信任关系后，孩子会逐渐缓解焦虑、恐惧，哭闹可能会慢慢停止，然后再介入测评。

（3）避免惩罚孩子，否则，孩子会哭闹加重，越来越不配合，此时可以建议家长安抚孩子：如果你测评时不哭不闹，做完后就给你好吃的、好玩的或和你玩游戏。

（4）孩子对某一项目丝毫不感兴趣时，可以暂时不对此项目进行测评，而改换其乐于接受的项目，然后再回过头来测评其不感兴趣的项目。

（5）测评时保持同一姿势的项目或使用同一测评用具的项目应集中在一起进行，以方便操作。

（6）如受测者存在身体健康因素或其他偶然因素等无法进行测评时，测评人员应另外安排测评时间。

（九）关注测评情境

测评情境也是一个需要考虑的因素。例如，一个受测者可能会因为身体不好、情绪不好、不懂施测者的说明或意外干扰而得到较低的分数，也可能因为某些偶然情况而得到意外的好分数。无论哪种情况，都要找出造成分数反常的原因，而不是单纯地依据分数武断地下结论。

（十）对特殊问题要有心理准备

测评过程中出现突发事件，如停电、有人生病、仪器故障等，测评人员应沉着冷静，机智灵活地应对，不要临阵慌乱。

总之，要想获得较好的测评效果，就要针对不同的测评目的选择合适的测评量表，测评时注意以上事项，测评后客观、全面、科学、认真地分析结果，全面考虑其他方面的影响。

学习效果检测

1. 选择心理与行为测评量表应遵循哪些原则？

2. 婴幼儿心理与行为测评前需要做哪些准备工作？

3. 测评实施的程序是什么？

4. 为什么不得使用"地毯式轰炸"方式实施测评？

5. 对测评不合作的孩子应该怎么办？

6. 下列对常模的理解有误的是（　　）

A. 常模样本需要有代表性　　　　　　B. 常模样本不宜太小

C. 常模样本需要及时修订　　　　　　D. 常模样本可随意选取

7. 乱用心理测评量表的形式有哪些？

8. 实践运用：一天，一位妈妈带着9个月的孩子来体检，孩子还不会坐，不会区分生人与熟人，听到声音无应答。想一想，作为测评人员，选择测评工具应该遵循哪些原则？需要注意哪些事项？

文本资源
学习效果检测参考答案

学习任务 5
婴幼儿心理与行为测评量表的应用

学习任务单

项目	内容
学习目标	学习完本任务后，你应该能够： ①了解婴幼儿在什么情况下需要测评。 ②了解如何合理应用测评量表。
学习要点	本任务的重点、难点： 工作实践中如何合理应用婴幼儿心理与行为测评量表。
学习建议	学习前： ①完成本任务下的案例导入活动。 ②初步了解婴幼儿在什么情况下需要测评。 学习中： ①完成本任务中相关的互动活动。 ②了解什么情况下需要对婴幼儿应用筛查类测评量表，什么情况下需要应用诊断类测评量表，并记录下自己的认识。 学习后： ①完成本任务后相关的学习效果检测。 ②如果你所在小区有 2 岁婴幼儿的家长咨询你有关婴幼儿心理与行为测评的问题，尝试向家长介绍如何合理应用婴幼儿心理与行为测评量表。
学习运用	你觉得在哪些工作场景中可以运用到本任务所学内容？（请填写）
学习反思	请记录你在学习过程中的相关思考。（请填写）

案例导入

　　如果你是托育机构的一位老师，你发现刚来机构不久的 2 岁双胞胎男孩哥哥轩轩，不与人交流，也不看人，叫名字没有反应，总是一个人在反复摆弄车轮，高兴的时候自己长时间反复蹦跳，不会自己吃饭；弟弟齐齐会叫"爸爸""妈妈"，会说"奶""走""抱抱""拜拜"，叫名字有反应，眼神对视少，用勺子吃饭洒得多，不会双脚跳。作为一位托育老师，你了解正常婴幼儿的认知、语言、运动、情绪、社交及生活能力的发展吗？婴幼儿在什么情况下需要测评呢？这两个孩子需要做什么样的测评呢？如何合理应用婴幼儿心理与行为测评量表呢？

　　在本学习任务中，希望你结合相关内容的学习来了解合理应用婴幼儿心理与行为测评量表的相关知识，在以后的学习和工作中，如果遇到发育异常的婴幼儿时能有适宜的对策。

　　婴幼儿心理与行为测评量表众多，如何合理地应用这些量表，涉及多方面的知识和能力。

一、要了解正常婴幼儿的生长发育情况

　　生长发育正常是健康的重要标志，这种"发育"是有一定规律的，既是连续的，又有阶段性。即在不同年龄阶段，有着不同的发育标志。我们可以通过观察、分析这些标志，了解婴幼儿身心发育的现状是否在正常范围内。但由于它受多种因素（遗传、环境、教育等）的影响，因此有明显的个体差异，如有的婴幼儿说话早些，有的婴幼儿走路晚些。在进行婴幼儿心理与行为测评之前，婴幼儿抚养人能否识别婴幼儿发育中的异常表现是测评开始前的重要任务，在问题的"早发现"中扮演着最重要的角色。这就要求抚养人在日常生活中密切观察婴幼儿的心理行为特点，了解关于婴幼儿发育方面的知识，能够早期识别婴幼儿发育的异常行为。尤其对托育机构、月子中心等的工作人员，了解正常婴幼儿的"发育里程碑"（内容详见学习模块三学习任务 4 拓展阅读："0～6 岁儿童发展的里程碑"）和"发育行为预警征"（内容详见学习模块二学习任务 2）显得尤其重要。

二、要明确什么情况下需要测评

　　婴幼儿如有以下情况，抚养人就应该主动要求测评：有严重的疾病症状时（如听力、视力等问题），心理行为发展滞后于发育里程碑时（如运动、说话、社交、如厕等），其行为表现出不能用通常方法解决时，当其在托育机构有问题时，当他们的行为导致家庭的问题时，当引起家长或其他人的担心时。

三、发现问题及时寻求专业人士的帮助

　　婴幼儿的心理与行为问题很复杂，有时很难根据一个方面的测评发现问题，特别是有些家长认识到的症状只是表象。例如，有的家长注意到自己的孩子说话比大部分孩子晚，就去寻找语言方面的测评，但诊断结果可能是孤独症。因此，一旦发现孩子有问题，就应该带孩子就医，对孩子进行儿科的常规检查或者进行详细的病史询问、心理发育评估、听觉/视觉检查等。如果托育机构的工作人员发现孩子有异常时，要主动和家长沟通，并建议家长寻求专业人员的帮助。

四、合理应用婴幼儿心理与行为测评量表

　　在工作实践中，如何合理应用测评量表需要根据具体情况而定。根据测评的目的，本书将婴幼儿心理与行为测评量表分为发育筛查类测评量表、发育诊断类测评量表和专项测评量表。每一种测评量表都有其适用年龄和作用，选择量表时要根据婴幼儿的具体情况而定。

（一）合理应用发育筛查类测评量表

发育筛查是通过简短的筛查工具，了解婴幼儿发育水平或心理行为问题的过程。发育筛查可以在儿童保健部门、社区或托育机构等开展。筛查的方式有家长填写筛查量表，测评人员对家长进行访谈；或者是测评人员直接观察婴幼儿的行为表现，和婴幼儿对话、游戏互动来评估婴幼儿的发育水平。婴幼儿在任意一个环节出现问题，都可能预示着发育迟缓或心理行为问题。美国儿科协会推荐所有的婴幼儿都应该在 9 个月、18 个月和 24 个月或 36 个月就医时完成发育迟缓和心理行为问题的评定。在我国，对新生儿进行行为神经评定时，可以选用 NBNA，以便早期发现脑损伤引起的新生儿行为神经异常，进行早期干预。预警征是国家基本公共卫生服务项目，为所有 0～6 岁婴幼儿提供了健康管理服务，适用于 0～6 岁的正常婴幼儿、高危婴幼儿及心理行为发育异常婴幼儿，共 11 个关键年龄点（3 月、6 月、8 月、12 月、18 月、2 岁、2 岁半、3 岁、4 岁、5 岁、6 岁）。预警征的筛查内容包括每个年龄点四项核心敏感发育进程指标，包括语言、个人社交、精细动作、大运动各一项，通过询问家长实施。此表内容简洁，筛查花费时间少，筛查效果好，可操作性强，能够及时发现婴幼儿发育中存在的问题和风险，减少并扭转发育偏离，最大限度地降低婴幼儿致残的程度。有发育偏离可能的婴幼儿绝大部分通过预警征筛查能够实现早期识别、早期发现。筛查问题可以帮助评定婴幼儿是否达到了一定年龄应该达到的里程碑。一旦怀疑有问题，要进一步用标准化的生长发育筛查工具，如 DST、DDST 来测评，这可以大大提高智能发育有可疑婴幼儿的检出率。如果受测婴幼儿在上述的任何一个方面有落后，应该及时转诊给相应的专科医生。

（二）合理应用发育诊断类测评量表

对于筛查出发育迟缓和发育问题的婴幼儿，需要由专业人员进一步深入地评定和诊断。发育诊断测评程序一般较发育筛查复杂、耗时长。测评的目的在于确认婴幼儿是否有某一方面的发育迟缓或心理行为障碍，是否需要进一步的发育评定，是否需要特殊的干预和治疗。对于确诊的需要治疗的婴幼儿，应该转介到专业机构，由专业人员（如语言治疗师、理疗师等）实施系统的干预治疗，有时需要对家庭成员进行培训，在家庭中和生活中实施干预和治疗。对于发育筛查异常的婴幼儿，专业测评人员需根据具体情况选择应用 GDS、儿心量表-Ⅱ或 GDS-C，前二者的测评内容均包括大运动、精细动作、语言、适应性行为和个人—社交行为 5 个能区，GDS-C 包含运动、个人—社会、听力和语言、手眼协调、表现及实际推理 6 个领域（2 岁以内婴幼儿测评前 5 个领域），三者运用其中之一即可。GDS 是用于评定 0～6 岁婴幼儿智力残疾的标准化方法之一，主要用于评定中枢神经系统的功能、识别神经肌肉或感觉系统是否有缺陷、发现可治疗的发育异常以及对高危婴幼儿进行随访，及早发现发育异常。CDCC 是评价 0～3 岁婴幼儿智能发育的一个诊断性量表，量表内容分为智力量表和运动量表两部分，这两部分相互补充，用来评定和分析婴幼儿的早期发展。如果怀疑婴幼儿的运动发育异常，可以应用 PDMS-Ⅱ分别对婴幼儿的粗大运动和精细运动发育水平进行细致的评定。BSID 由智力量表、运动量表和行为记录表三部分组成，适合 2～30 个月婴幼儿发展状况的测评，为小儿神经系统损伤和发育障碍的早期诊断提供依据。婴幼儿发育测评量表都配有详细的指导手册，介绍评定方法、基本方法和结果解释等，只有经过培训的专业人员才能使用。

（三）合理应用专项测评量表

如果怀疑婴幼儿的饮食、如厕等生活自理能力出现问题，可以使用 S-M 量表进行评定，对异常婴幼儿要进一步查找原因，确认是器质性问题还是养育出现了问题，并针对原因制定干预措施。如果发现婴幼儿出现孤独症早期的行为标志，即"五不"行为：不（少）看，不（少）应，不（少）指，不（少）语，不当（不恰当的物品使用及相关的感知觉异常），应高度怀疑婴幼儿患有孤独症，可以使用与孤独症相关的测评量表，如 ABC、M-CHAT 中文修订版、CARS 等。如果测评结果异常，应找专业医生进行综合评定，进一步明确诊断，进行早期干预。

婴幼儿的心理现象和发育行为表现包括感觉、知觉、记忆、思维、情感、意志、性格、能力、气质、个性倾向等现象，均随婴幼儿年龄而变化。婴幼儿的发展不是孤立的，而是受到家庭、同伴、社会环境和个人生活经历的共同影响，既有共同特性，又有个体差异。我们既要对正常婴幼儿的心理行为发育水平有所了解，又要了解心理行为发育预警征象，根据婴幼儿的具体情况，合理地选择和应用婴幼儿心理与行为测评量表。

学习效果检测

1. 婴幼儿什么情况下需要测评？

2. 怎样合理应用发育筛查类测评量表？

3. 发育诊断类测评量表的目的是什么？

4. 实践运用：1 岁半的图图刚到托育机构不久，机构的工作人员就发现跟图图说话时他不看人，也不会按要求指人或物，妈妈来接他时，不会主动叫"妈妈"。想一想，图图的心理行为发育有异常吗？针对图图，怎样合理应用婴幼儿心理与行为测评量表呢？

文本资源

学习效果检测参考答案

学习模块二
常用的婴幼儿发育筛查类测评量表

如果你是早教中心的一位老师，你发现班里1岁3个月的男孩皮皮还不会独自走路，但会拉着妈妈的手向前迈步，不会叫"爸爸、妈妈"，但问他"谁是妈妈"，皮皮会看向妈妈或指向妈妈，会指眼睛、鼻子、耳朵、嘴巴、手、脚等，会模仿简单的动作。妈妈孕期患有"妊高症"，皮皮目前还不会说话、不会走路，皮皮的姐姐这么大时已经会说10余个字词了，妈妈有些担心皮皮的发育出现异常。作为一名老师，你了解正常婴幼儿语言和运动的发展吗？你认为皮皮需要进行测评吗？需要做什么样的测评呢？在本模块中，你将学习婴幼儿语言和运动等方面的相关知识及筛查类测评量表，这些对你今后进行筛查类测评会有一定的帮助。

学习导图

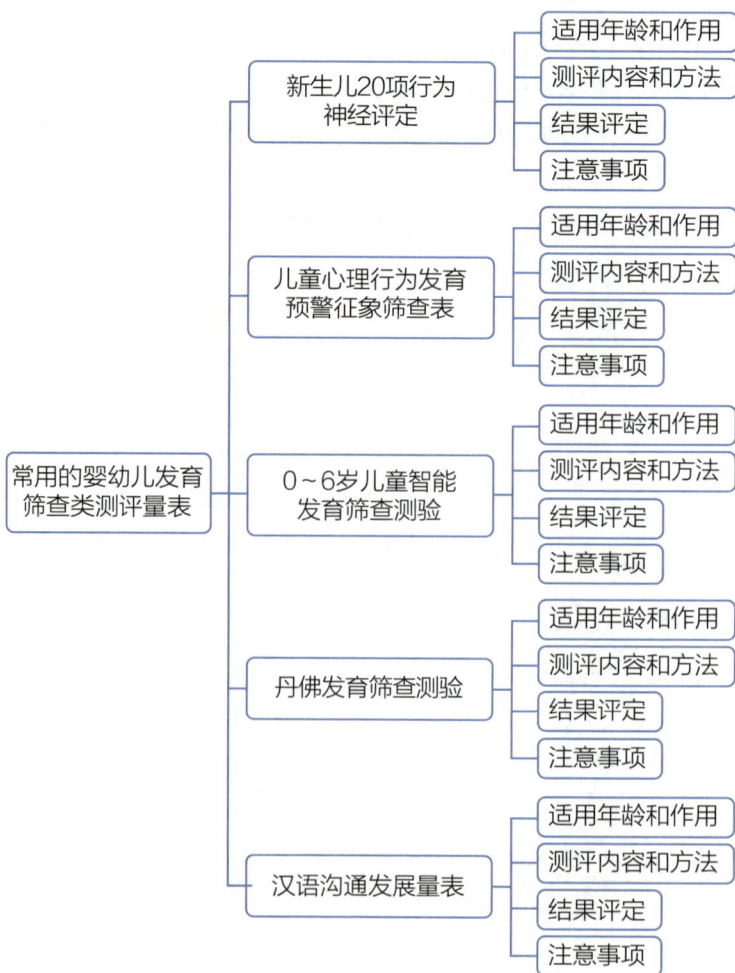

学习初体验

实践体验活动

拜访一家托育机构，观察那里的孩子，有没有个别的孩子在语言表达、运动、社交、情绪、行为等某一个或几个方面的表现与同龄正常孩子不一样，接下来应该怎么办呢？请记录你的观察和结论。学习完本模块后，再来看一看最初的记录。

学习任务 1
新生儿 20 项行为神经评定

学习任务单

项目	内容
学习目标	学习完本任务后，你应该能够： ①了解 NBNA 的具体操作方法，能够讲出什么是 NBNA，它的作用和用途是什么。 ②熟悉 NBNA 检查的 20 项内容。 ③掌握 NBNA 的应用范围，评分结果的解读。
学习要点	本任务的重点、难点： ①NBNA 的临床作用和意义。 ②操作此检查项目时的原则及注意事项。 ③项目得分标准的理解和判定。
学习建议	学习前： ①完成本模块下的学习初体验和本任务下的案例导入活动。 ②初步了解 NBNA 的操作流程。 学习中： ①完成本任务中相关的互动活动。 ②情境模拟：应用布娃娃进行 NBNA 操作，特别关注操作中的注意事项。 学习后： ①完成本任务后相关的学习效果检测。 ②情境模拟：可以应用布娃娃进行 NBNA 的操作，逐步熟练操作步骤，试着对结果进行判定。
学习运用	你觉得在哪些工作场景中可以运用到本任务所学内容？（请填写）

续表

项目	内容
学习反思	请记录你在学习过程中的相关思考。（请填写）

案例导入

　　月子中心入住了一个早产的婴儿，第二胎，孕 36 周＋6 顺产，生后住院观察 7 天，新生儿黄疸，蓝光治疗，现纯母乳喂养，维生素 D 已添加，食欲挺好，大小便正常，但是睡眠不稳，易惊，哭闹不安，全家甚至全楼层都被吵得不得安宁，母亲是一位高龄产妇，孩子老是哭闹不安，一家人对此很着急，想一想这个婴儿的这些表现正常吗？

　　这个孩子是早产儿，患新生儿病理性黄疸，属于高危儿，对于这样的孩子，一方面我们要重视他的体格发育情况，如身高、体重、头围等，另一方面我们要注意他的神经系统发育情况。那么，要做些什么检查来评定他神经系统的发育情况呢？本学习任务将会告诉你用何种方法来评定，评定中要注意哪些方面。希望通过本任务的学习，你能较灵活地运用此项技能。

一、适用年龄和作用

　　新生儿行为神经评定的方法，目前国际上最有代表性的是法国 Amicl-Tison 新生儿神经评估及美国 Brazelton 新生儿行为评分法。鲍秀兰教授根据以上两种方法，在国内做了大量研究工作，于 1990 年制订了新生儿 20 项行为神经评定（NBNA）。

　　NBNA 只适用于足月新生儿，若用于早产儿，需要待矫正年龄满 40 周后再做。本测评方法稳定、可靠，检查经济，方法简便，实用，重复检查对新生儿无害，地区差别对评分结果无明显影响。NBNA 有利于早期对新生儿进行神经系统发育的观察和评定，及早发现新生儿发育的异常，从而指导父母早期和新生儿的接触，加强新生儿的训练，促进新生儿的智能和神经运动的发育；NBNA 有利于及早发现脑损伤引起的新生儿行为神经异常，利用新生儿早期神经系统可塑性强的特点对异常新生儿进行早期干预，通过改善环境、早期训练来促进新生儿神经系统的代偿性康复；NBNA 可以作为围产期高危因素对新生儿影响的检测手段，动态观察宫内发育迟缓、围产期窒息、缺血缺氧性脑病、早产等高危因素对新生儿行为神经的影响。

拓展阅读

新生儿有哪些能力

新生儿出生之后，除了拥有数十种先天性条件反射之外，还具有视觉、听觉、嗅觉等多种感觉能力。造化之初，新生儿就具备了多种与生俱来的本领。

1. 视觉能力：新生儿生下来第一天就喜欢看图案，不喜欢看单一色的图形。新生儿对类似人脸的图形的兴趣超过了别的复杂图形。

2. 听觉能力：新生儿对声音有定向力，在新生儿看不到的耳朵旁边轻轻发出柔和的声音，新生儿的表情会变得警觉起来，头和眼会转向声音的方向，会用眼睛寻找声源。

3. 嗅觉、味觉和触觉：新生儿出生第一天，会表现出对甜味的兴趣，嗅觉敏感，新生儿能区分自己的乳母和别的母亲奶汁的气味。新生儿触觉很敏感，有的新生儿哭闹时，只要用手轻轻抚摸其腹部、背部，他就可以安静下来。

4. 和成年人交往的能力：新生儿与父母或其他抚养人交往的主要方式是哭，新生儿哭有很多原因，如饥饿、口渴、尿布湿了等，新手妈妈经过 2～3 周的摸索，就能理解新生儿哭的原因，给予适当处理。

5. 运动能力：胎儿在子宫内就有运动，即胎动。出生后的新生儿具有一定的活动能力，会把手放到嘴边甚至伸进口内吸吮。四肢会做伸屈运动，还会对谈话者皱眉、凝视、微笑。

6. 模仿能力：新生儿在安静的觉醒状态下，不但会注视妈妈的脸，还有模仿妈妈脸部表情的奇妙能力。当面对面与新生儿对视时，妈妈慢慢地伸出舌头，每 20 秒一次，重复 6～8 次。如果新生儿在注视着妈妈，他通常会学着妈妈的样子，把小舌头伸到嘴边甚至口外。

二、测评内容和方法

（一）测评要求

首先，测评环境要安静和半暗，室温应为 22～27℃；其次，对于受测的新生儿，测评时机最宜在两次喂奶中间进行，新生儿处在安静、满足的状态下，测评结果会更准确，更能反映新生儿的最佳状态。一般从睡眠状态开始，但是如果新生儿处于清醒状态，可在精神状态最佳时先检查除睡眠项目以外的项目。

（二）测评用具

光线柔和的小号手电筒，一般用两节 1 号电池，光线不能用强光；1 个直径为 5cm 的红球，球的颜色一定要鲜艳；装有黄豆的长方形小红塑料盒（尺寸为 8cm × 3.5cm × 3.5cm）；1 个秒表。

（三）测评内容

NBNA 总共 20 项（见表 2-1），由五部分组成，分别是行为能力、被动肌张力、主动肌张力、原始反射和一般反应（见图 2-1）。

表 2-1　NBNA

儿童姓名：　　　　性别：男、女　　　　母亲姓名：　　　　住址：　　　　　联系电话：
测评时间：　　年　　月　　日
系（　）胎（　）产，1. 足月　2. 早产　3. 过期　4. 双胎　5. 平产　6. 脐绕颈　7. 臀位产　8. 吸产
9. 钳产　10. 剖宫产（原因　　　　　　）
预产日期：　　年　　月　　日
产时窒息（青紫、苍白、时间　　　　）　　出生体重（　　）kg　　黄疸（轻、重、时间　　　　）
特殊检查：　　　　　出生日期：　　年　　月　　日

	项目	检查时状态	评分					日　龄
			0	1	2			
行为能力	1. 对光习惯形成	睡眠	≥11 次	7～10 次	≤6 次			
	2. 对声音习惯形成	睡眠	≥11 次	7～10 次	≤6 次			
	3. 对格格声反应	安静觉醒	头眼不转动	头或眼球转动＜60°	头或眼球转动≥60°			
	4. 对说话人脸的反应（生物性视反应）	安静觉醒	头眼不转动	头或眼球转动＜60°	头或眼球转动≥60°			
	5. 对红球反应（非生物性视反应）	安静觉醒	头眼不转动	头或眼球转动＜60°	头或眼球转动≥60°			
	6. 安慰	哭	不能	困难	容易或自动			
被动肌张力	7. 围巾征	觉醒	环绕颈部	肘略过中线	肘未到中线			
	8. 前臂弹回	觉醒	无	慢、弱＞3 秒	活跃、可重复≤3 秒			
	9. 腘窝角	觉醒	＞110°	90°～110°	≤90°			
	10. 下肢弹回	觉醒	无	慢、弱＞3 秒	活跃、可重复≤3 秒			
主动肌张力	11. 颈屈、伸肌主动收缩	觉醒	缺或异常	困难、有	好，头竖立1～2 秒			
	12. 手握持	觉醒	无	弱	好，可重复			
	13. 牵拉反射	觉醒	无	提起部分身体	提起全部身体			
	14. 支持反射直立位	觉醒	无	不完全、短暂	有力、支持全部身体			
原始反射	15. 踏步或放置反射	觉醒	无	引出困难	好、可重复			
	16. 拥抱反射	觉醒	无	弱，不完全	好，完全			
	17. 吸吮反射	觉醒	无	弱	好，和吞咽同步			

续表

	项目	检查时状态	评分			日　龄		
			0	1	2			
一般反应	18. 觉醒度	觉醒	昏迷	嗜睡	正常			
	19. 哭声	哭	无	微弱、尖、过多	正常			
	20. 活动度	觉醒	缺少或过度	略减少或增多	正常			
总分								
检查者								

（四）具体操作流程

首先要核对医嘱和就诊者身份信息，确认无误后在记录本上登记，然后检查者观察就诊者的状态，对家长做好解释工作，准备测评用具。

第一部分：行为能力

共 6 项，前两项必须在新生儿睡眠状态下进行，后四项在新生儿觉醒状态下进行。

（1）对光习惯形成：用两节 1 号电池手电筒 1 个，手电筒光扫射新生儿两眼各 1 秒，观察其反应。第一次反应终止后 5 秒，再重复刺激，每次照射时间和手电筒与眼睛的距离相同。连续两次反应减弱后停止，如不减弱连续照射最多 12 次。评分：0 分为≥11 次，1 分为 7～10 次，2 分为≤6 次。

（2）对声音习惯形成：长方形小红塑料盒（尺寸为 8cm×3.5cm×3.5cm）内装有黄豆，摇动时发出格格声，安静环境下新生儿对突然的格格声会产生反应。在新生儿睡眠状态下（深睡和浅睡）进行，距离新生儿 10～15cm 处，响亮地垂直摇动格格声盒 3 次约 1 秒，新生儿可产生惊跳、用力眨眼和呼吸改变等反应，等反应停止后 5 秒再重复刺激。连续两次反应减弱即停止测试，如不减弱，连续刺激最多 12 次。评分：0 分为≥11 次，1 分为 7～10 次，2 分为≤6 次。

（3）对格格声反应：检查者将新生儿抱起呈半卧位，一只手托住新生儿的头，放头在中线位，另一只手在新生儿视线外距耳 10～15cm 处连续轻轻摇动小塑料盒，使其发出柔和的格格声，持续摇到新生儿产生最优反应。可以变更声音的强度和节律，以引起新生儿的注意，避免反应减弱和习惯化。持续摇动不超过 15～20 秒，左右交替刺激共 4 次。评分：0 分为头或眼球不转向声源；1 分为头或眼球转向声源，转动＜60°；2 分为头或眼球转向声源，转动≥60°。

（4）对说话人脸的反应（生物性视反应）：新生儿在觉醒状态下，和检查者面对面，相距约 20cm。检查者用柔和的、高调的声音同新生儿说话，并将脸部从新生儿的中线位慢慢移向一侧，然后移向另一侧，移动时连续发声，观察新生儿的眼和头追随检查者说着话的脸移动的能力。评分：0 分为头或眼球不转向人脸；1 分为头或眼球转向人脸，转动＜60°；2 分为头或眼球转向人脸，转动≥60°。

新生儿20项行为神经评定
- 行为能力（6项）
- 被动肌张力（4项）
- 主动肌张力（4项）
- 原始反射（3项）
- 一般反应（3项）

图 2-1　NBNA 的 5 个组成部分

学习笔记

(5)对红球反应（非生物性视反应）：检查者将新生儿抱在膝上或使新生儿呈半卧位并用手托起其头部和背部，若新生儿不完全觉醒，可以轻轻地上下摇动使其睁开眼。进行操作时，应避免和新生儿谈话或因检查者的脸分散新生儿的注意力，检查者将新生儿头放在中线位，手持红球，距新生儿眼前方 20cm 左右，轻轻转动小球，吸引新生儿注视，然后慢慢地沿水平方向移动小球，从中线位移动到一边，如果新生儿的眼球和头追随红球到一边，将红球恢复到中线位，然后再将红球向另一侧移动。接下来将红球沿垂直方向移向新生儿头上方，再呈弧形从新生儿一侧移动到另一侧，看新生儿是否继续追随。如果一时引不出新生儿的反应，可在规定时间内重复进行。评分：0 分为头或眼球不转向红球；1 分为头或眼球转向红球，转动＜60°；2 分为头或眼球转向红球，转动≥60°。

(6)安慰：测试哭闹的新生儿对外界安慰的反应。评分：0 分为哭闹经安慰不能停止；1 分为哭闹经安慰停止非常困难，需要抱起来摇动或吃奶嘴才不哭；2 分为自动不哭，也可经安慰，如和新生儿面对面说话，手扶住新生儿上肢及腹部或抱起来即不哭。

第二部分：被动肌张力

共 4 项，检查必须在新生儿觉醒状态下进行，应使新生儿呈仰卧位，头在正中位，以免引出肢体不对称的错误检查结果。

(7)围巾征：使新生儿颈部和头部保持在正中位，以免其上肢肌张力不对称。将新生儿的手拉向对侧肩部，观察其肘关节和中线关系。评分：0 分为上肢环绕颈部，1 分为肘关节处略过中线，2 分为肘部未达或接近中线。

(8)前臂弹回：新生儿双上肢呈屈曲姿势时，进行此项检查。检查者用手拉直新生儿双上肢，然后松开其上肢，观察其自然弹回到原来的屈曲位的弹回速度。评分：0 分为无弹回；1 分为弹回的速度慢或弱（＞3秒）；2 分为双上肢弹回活跃，并能重复进行（≤3 秒）。

(9)腘窝角：使新生儿处平卧位，骨盆不能抬起，屈曲其下肢呈胸膝位，固定其膝关节在其腹部两侧，轻柔且快速地伸直其膝关节，在感到抵抗力时测量其腘窝的角度。评分：0 分为腘窝角＞110°，1 分为 90°～110°，2 分为≤90°。

(10)下肢弹回：受检新生儿髋关节呈屈曲位时进行此项检查，如未呈屈曲位，检查者可屈伸新生儿下肢2～3 次，帮助其产生屈曲位。新生儿仰卧，头呈正中位，检查者用双手牵拉新生儿双小腿，使之尽量伸直，然后松开，观察弹回情况。评分：0 分为无弹回；1 分为弹回的速度慢或弱（＞3 秒）；2 分为双下肢弹回活跃，并能重复进行（≤3 秒）。

第三部分：主动肌张力

共 4 项，检查必须在新生儿觉醒状态下进行。

(11)颈屈、伸肌主动收缩：检查者应先把新生儿从仰卧位拉到坐位姿势，此时新生儿会试图竖起自己的头部，使之与躯干平行。新生儿头部相对较重，颈屈、伸肌主动肌张力较弱，刚被拉起时头会向后仰；正常新生儿颈屈、伸肌主动肌张力是平衡的，坐直位时头一般能竖立 1～2 秒；新生儿在坐位稍向前倾时头向前倒。因此，检查时使新生儿呈仰卧位，检查者用双手握住新生儿双上臂和肩胛骨部位，以适当速度拉新生儿从仰卧位到坐位，观察其颈屈、伸肌主动收缩及试图竖起头的努力，并记录坐直位时头竖立的秒数，操作可重复2 次。评分：0 分为无反应或异常，1 分为有竖头动作，2 分为头和躯干保持平衡 1～2 秒。

(12)手握持：新生儿呈仰卧位，检查者的食指从新生儿手的尺侧伸进其掌心，观察其抓握的情况。评分：0 分为无抓握，1 分为抓握力量弱，2 分为容易抓握并能重复。

(13)牵拉反射：新生儿呈仰卧位且手部保持干燥，检查者食指从其尺侧伸进手内，先引出抓握反射。然后检查者拉住新生儿上臂屈曲、伸直来回1～2 次，在肘部伸直时突然提起小儿离开检查台（同时用大拇指在必要时抓住新生儿的手，加以保护）。评分：0 分为无反应，1 分为提起部分身体，2 分为提起全部身体。

（14）支持反射直立位：检查者用手握住新生儿前胸，食指放在其锁骨部位，拇指和其他手指分别放在其两腋下，支持其呈直立姿势，观察其头颈部、躯干和下肢主动肌张力和支持身体呈直立位的情况。评分主要根据头颈部和躯干直立的情况，正常时下肢也可保持屈曲。评分：0分为无反应；1分为不完全或短暂直立时头不能竖直；2分为能有力地支撑全部身体，头竖立。

第四部分：原始反射

共3项，检查需要在新生儿觉醒状态下进行。

（15）踏步或放置反射：自动踏步是指新生儿躯干在直立位时，足底接触检查桌面数次，即可做出自动迈步的动作。如果检查者扶着新生儿身体沿着迈步方向向前，新生儿似能扶着走。放置反射是指检查者垂直位抱新生儿，一手扶住新生儿一下肢，使另一下肢自然垂下，该垂下的下肢的足背能接触检查桌边缘，该足有迈上桌面的动作，检查时要交替测查两足的放置反射。自动踏步和放置反射的意义相同，一项未引出可用另一项代替。评分：0分为无踏步也无放置；1分为踏一步或有放置反射；2分为踏两步或在同足有两次放置反射，或两足均有一次放置反射。

（16）拥抱反射：新生儿呈仰卧位，检查者拉新生儿双手上提，使新生儿颈部离开检查桌面2～3cm，但新生儿头仍后垂在桌面上，检查者突然放下新生儿双手，使其恢复仰卧位。新生儿由于颈部位置的突然变动而引出拥抱反射，表现为双上肢向两侧伸展，手张开，然后屈曲上肢，似拥抱状回收上肢至胸前，可伴有哭叫。评分：0分为无反应；1分为拥抱反射不完全，上臂仅伸展，无屈曲回收；2分为拥抱反射完全，上臂伸展后屈曲回收到胸前。

（17）吸吮反射：检查者将手指放在新生儿两唇间或口内，引起新生儿的吸吮动作，或询问新生儿家长新生儿的吸吮情况。检查时要注意新生儿的吸吮力度、节律与吞咽是否同步。新生儿吃奶时需要呼吸、吸吮和吞咽3种动作协同作用。评分：0分为无吸吮动作，1分为吸吮力量弱，2分为吸吮力好并和吞咽同步。

第五部分：一般反应

共3项。

（18）觉醒度：该项评定新生儿检查过程中能否觉醒和觉醒程度。评分：0分为昏迷；1分为嗜睡；2分为觉醒正常。

（19）哭声：该项评定新生儿检查过程中的哭声情况。评分：0分为不会哭；1分为哭声微弱，或哭声过多、调高；2分为哭声正常。

（20）活动度：该项评定新生儿在检查过程中的活动情况。评分：0分为活动缺少或过度；1分为活动减少或增多；2分为活动正常。

测评人员要按照以上流程评定就诊新生儿的行为能力、被动肌张力、主动肌张力、原始反射、一般反应的情况并记录下来，做好后续的解释工作。

三、结果评定

NBNA总共20项，包括五部分，新生儿对外界环境和外界刺激的行为能力、被动肌张力、主动肌张力、原始反射和一般反应。每一项评分有3个维度，即0分、1分和2分，满分为40分。评分均以行为最优表现评定，总分40分，评分标准为37分以上为正常，37分及以下需要长期随访，35分及以下有半数预后不良。

四、注意事项

（1）注意测查顺序：建议从新生儿睡眠时开始，先测对光、声音习惯形成项目；然后打开包被，观察新生儿四肢的活动情况，做上下肢弹回、围巾征和腘窝角；接着拉成坐位，观察竖头能力；扶起做支撑、踏步和放置反射；平放成仰卧位后做手握持和牵拉反射；牵拉反射放下时做拥抱反射；哭闹时观察安慰反应；随后做视听定向反应；吸吮反射可询问家长。

（2）检查后立即记录并评分，若新生儿醒着不能做对光和声音刺激反应减弱的检查，可允许新生儿睡着后再补充检查。

（3）检查尽量一次完成，避免分次检查和评分。

（4）检查时，特别是做牵拉反射时，一定要保护好新生儿的安全，要向家长讲明测查的内容，避免家长紧张。

实践运用

在月子中心，对每个新生儿除了每天询问他们的吃、喝、拉、撒、睡以外，还要关注他们的神经发育情况。从哪些方面来观察新生儿的这些发育情况，又可以从哪些方面对家长进行指导，来促进新生儿的神经发育呢？　需要关注以下几点。

聚焦点：

1. 了解这名新生儿的个人史，包括母孕期的情况、出生时的情况。

2. NBNA 是非常合适的检查新生儿神经发育的方法。

3. 检查时需要对家长做好解释工作，解释要合理。

学习效果检测

1. 什么是 NBNA？

2. NBNA 主要的临床意义是什么？

3. NBNA 包含了新生儿哪些发育情况？

4. 在操作 NBNA 时需要注意的事项有哪些？

5. 什么是拥抱反射？拥抱反射反映新生儿的哪些发育情况？

6. 新生儿的主动肌张力有哪些表现？

7. NBNA 的总分评分标准如何界定？

8. 如果一个出生 10 天的早产儿，母亲孕 36 周出生，可以使用 NBNA 吗？

文本资源

学习效果检测参考答案

学习任务 2
儿童心理行为发育预警征象筛查表

学习任务单

项目	内容
学习目标	学习完本任务后，你应该能够： ①了解预警征的内容、作用和用途。 ②熟悉婴幼儿每个年龄段预警征包含的内容。 ③掌握预警征的应用范围、对预警征异常婴幼儿的处理。
学习要点	本任务的重点、难点： ①每个年龄段婴幼儿预警征的内容。 ②临床中预警征的应用。 ③对预警征异常婴幼儿的合理建议。
学习建议	学习前： ①完成本任务下的案例导入活动。 ②了解预警征的作用和内容。 学习中： ①完成本任务中相关的互动活动。 ②熟悉预警征内容。 学习后： ①完成本任务后相关的学习效果检测。 ②可以应用预警征，逐渐熟悉预警征内容，试着对结果进行判定并对家长进行指导和建议。
学习运用	你觉得在哪些工作场景中可以运用到本任务所学内容？（请填写）
学习反思	请记录你在学习过程中的相关思考。（请填写）

案例导入

小爱，一名漂亮的 1 岁 6 个月的女孩，妈妈和奶奶带着她前来托育中心，询问她是否适合托管。小爱目前身高 82.5cm，体重 11kg，身材匀称，前囟门已经闭合，至今能独自站稳约 1 分钟，能在两个人之间跟跄走约 2m，迈步时双足有外翻，会发"爸爸、妈妈、打打、不要"这些有意义的音，能听懂简单指令，如"开门、过来、把东西给我"，有眼神的交流，有共同关注。困扰家长最大的问题是别的同龄孩子走路非常稳，甚至会跑跳，而小爱至今还不能很好地独自走路，需要家长的辅助。家长询问托育中心是否可以帮助促进孩子的运动发育。

对于这样运动发育有落后的孩子，我们要注意哪些方面呢？首先是要询问孩子的出生史、母孕史，排查是否有围产期的高危因素；其次要了解孩子的生长发育史——什么时候会抬头，什么时候会坐，什么时候会爬等，需要注意孩子的心理行为发育情况，明确给孩子做什么检查来评估这些发育情况。本学习任务将会告诉你用何种方法来做早期筛查，判断小爱这样的孩子是否有运动发育落后的问题，以及如果确实有这些问题，又可以如何帮助家长解决。希望通过学习，你能灵活运用预警征解决类似问题，胜任今后的工作。

一、适用年龄和作用

儿童心理行为发育预警征象筛查表，简称预警征，是 2012 年研发出来的适合中国国情的简单、易行的工具，可供基层儿童心理保健人员在儿童健康体检时使用，是可以快速了解儿童心理行为发育情况的简便工具。2013 年在全国推荐使用，2015 年已完成信度和效度的评价，达到心理学筛查类测评量表的基本要求，在基层开展早期筛查工作中得到了很大范围的推广。2016 年《北京市散居儿童保健工作常规》提出，社区卫生服务中心采用预警征对 0～6 岁儿童进行筛查，通过开展发育监测、筛查及早期发展指导，早期发现感觉、运动、语言认知和社会情绪等方面存在的问题，对筛查出的发育偏离或异常的儿童及时给予干预或转诊，提升儿童家庭养育质量，最大程度开发儿童的潜能，提升儿童健康水平。

预警征是国家基本公共卫生服务项目，为 0～6 岁儿童提供健康管理服务，适用于 0～6 岁的正常儿童、高危儿童及心理行为发育异常儿童。目前主要应用于 0～6 岁儿童基本公共服务项目中，作为 0～6 岁儿童致残筛查的筛查工具；应用在《母子健康手册》中，供父母参考，以便及时关注儿童的发育情况。可依托社区和幼儿园，在儿童早期开展心理行为发育筛查，筛查对象是定期接受基本公共卫生服务的社区儿童，以便及时发现发育中存在的问题和风险，减少并扭转发育偏离，最大限度地降低儿童致残程度。有发育偏离可能的儿童绝大部分通过预警征筛查能够实现早期识别、早期发现。

二、测评内容和方法

预警征象是鉴于 0～3 岁儿童发育早期的关键年龄段列出的具有发育里程碑意义的检测项目。从怀孕开始到生命最初的 1000 天，是儿童身心快速发育的时期，也是儿童发展的黄金时期。3 岁时儿童大脑的活跃度是成人大脑的两倍，神经元快速连接，而这些神经元连接是大脑功能最基础的组成部分，环境刺激是大脑发育的重要因素，人类的大脑发育依赖于儿童早期对外界丰富的体验。所以，对孕妇及其所生的 0～3 岁儿童持续地进行营养、体格发育、疾病预防、教育、心理等全方位的指导，因地制宜地创造舒适的环境，开展科学的综合性干预活动，能够促进他们大脑的充分发育，激发他们自身的潜能，培养他们健康的心理、良好的性格，使他们能身心健康、和谐发展；对于出生异常的儿童，他们能得到早期干预和保护，大脑神经细胞的代偿功能能够被充分调动，从而明显预防脑瘫、运动异常、行为异常和智力运动发育落后等严重后果的发生。

🔍拓展阅读

儿童早期综合发展项目

儿童的心理行为发育问题已成为当前影响儿童健康的重要公共卫生问题，发展中国家5岁以下儿童中有2亿儿童的发展潜能得不到充分实现。0～3岁是儿童大脑发育的黄金时期，也是人一生健康和能力的基础，是儿童早期综合发展的重要时期，在这个时期发育有偏离的儿童绝大多数通过预警征能够实现早识别，早发现。

联合国儿童基金会（United Nations Children's Fund, UNICEF）提出儿童早期发展（early childhood development, ECD），指的是儿童体格、认知、情感、社会适应及语言等方面的综合发展。我们知道，生命最初几年，尤其是0～3岁，是儿童成长和发展重要的"机会窗口期"。在这一时期，为儿童提供良好的营养、早期启蒙、疫苗接种和安全关爱的环境，可以促进儿童大脑的充分发育，以帮助儿童发挥他们的最大潜能。中国的儿童早期发展与教育要打破贫困的代际传递与改善未来竞争力，特别是在贫困地区，通过开展此项目因地制宜地创造舒适的环境，开展科学的综合性干预活动，使儿童的体格、心理、认知、情感和社会适应性达到健康状态。

UNICEF儿童早期发展项目高级顾问，神经科学家皮娅·瑞贝罗·布里托（Pia Rebello Britto）博士曾说"每当父母对年幼的孩子说话时，都会激发孩子身体的某种变化。这是对孩子的刺激，它将促进大脑（神经元）的连接"。

预警征（见表2-2）是基于预警征象为0～6岁儿童发育而设计的筛查表格，涵盖11个关键年龄点。此表简明，可操作性强，重测信度在0.7以上，测试者信度为0.9，重复性好，可靠性高，条目表述客观准确。以GDS为效标，预警征筛查的灵敏度为82.2%，特异性为77.7%。有发育偏离可能的儿童，绝大部分通过预警征筛查能够实现早期识别、早期发现。

表2-2　预警征①

年龄	预警征象		年龄	预警征象	
3月	1. 对很大声音没有反应	☐	6月	1. 发音少，不会笑出声	☐
	2. 逗引时不发音或不会微笑	☐		2. 不会伸手抓物	☐
	3. 不注视人脸，不追视移动人或物品	☐		3. 紧握拳松不开	☐
	4. 俯卧时不会抬头	☐		4. 不能扶坐	☐
8月	1. 听到声音无应答	☐	12月	1. 呼唤名字无反应	☐
	2. 不会区分生人和熟人	☐		2. 不会模仿"再见"或"欢迎"动作	☐
	3. 双手间不会传递玩具	☐		3. 不会用拇食指对捏小物品	☐
	4. 不会独坐	☐		4. 不会扶物站立	☐
18月	1. 不会有意识叫"爸爸"或"妈妈"	☐	24月	1. 不会说3个物品的名称	☐
	2. 不会按要求指人或物	☐		2. 不会按吩咐做简单事情	☐
	3. 与人无目光交流	☐		3. 不会用勺吃饭	☐
	4. 不会独走	☐		4. 不会扶栏上楼梯/台阶	☐
30月	1. 不会说2～3个字的短语	☐	36月	1. 不会说自己的名字	☐
	2. 兴趣单一、刻板	☐		2. 不会玩"拿棍当马骑"等假想游戏	☐
	3. 不会示意大小便	☐		3. 不会模仿画圆	☐
	4. 不会跑	☐		4. 不会双脚跳	☐

---

① 引自《国家卫生健康委办公厅关于印发0～6岁儿童孤独症筛查干预服务规范（试行）的通知》中的附件。

续表

年龄	预警征象		年龄	预警征象	
4岁	1. 不会说带形容词的句子	☐	5岁	1. 不能简单叙说事情经过	☐
	2. 不能按要求等待或轮流	☐		2. 不知道自己的性别	☐
	3. 不会独立穿衣	☐		3. 不会用筷子吃饭	☐
	4. 不会单脚站立	☐		4. 不会单脚跳	☐
6岁	1. 不会表达自己的感受或想法	☐			☐
	2. 不会玩角色扮演的集体游戏	☐			☐
	3. 不会画方形	☐			☐
	4. 不会奔跑	☐			☐

📝 学习笔记

预警征的筛查内容包括：每个年龄点四项核心敏感发育进程指标，包括语言、个人社交、精细动作、大运动各一项。条目为可知觉的客观性条目，答案选项为通过、不通过两类。通过现场询问家长或测试婴幼儿反应，观察婴幼儿是否存在相应年龄点的预警征象，出现任一项预警征象阳性，即判定为筛查阳性，存在心理行为发育偏离可疑，需要进一步的检查评定或者转诊。下面简单介绍每一项筛查的具体内容，方便读者理解和应用。

3月龄：第一项是对很大声音没有反应，代表婴儿语言的发育情况，当周围环境突然出现较大声音时，婴儿无眨眼、皱眉、身体惊动、活动停止、活动增加或哭泣等反应。第二项是逗引时不发音或不会微笑，第三项是不注视人脸、不追视移动人或物品，这两项代表婴儿个人社交的发育情况，医务人员或父母等照护人向婴儿微笑，并说话逗他（不要胳肢他或触摸他的脸或身体），婴儿不会以微笑或发声回应，当与婴儿面对面（相距20～30cm）时，婴儿不会注视人脸，在婴儿面前走动或缓慢移动物品时，婴儿不会追随移动的人或物品。第四项是俯卧时不会抬头，代表婴儿大运动的发育情况，把婴儿放在稍硬的台面上或者床面上观察，俯卧时，婴儿的头不能抬离床面一会儿。

6月龄：第一项是发音少、不会笑出声，代表婴儿语言的发育情况。可以询问家长或者现场试着逗引婴儿，注意是要在婴儿状态清醒、情绪稳定时进行，观察婴儿很少发音，逗引时也不会笑出声，不会发出"咯咯"的笑声。第二项是不会伸手抓物，代表婴儿个人社交的发育情况。婴儿不会主动伸手抓面前的物品或玩具，可以拿颜色鲜艳的玩具放在婴儿能看到、能伸手够得到的地方观察。第三项是紧握拳松不开，代表婴儿精细动作的发育情况。婴儿清醒时手经常是紧握拳不松开的状态，可以拿玩具刺激婴儿的手背，观察手仍旧不能张开，无法握持物品。第四项是不能扶坐，代表婴儿大运动的发育情况。将婴儿放在床上，扶着其双侧腋下或使其背部有物体支撑时，婴儿不能坐一会儿，会向前倾或者向后倒，腰部不能挺直一会儿。

8月龄：第一项是听到声音无应答，代表婴儿语言的发育情况。在婴儿耳后附近拍手或说话，他没有反应，不会将头转向声源侧，站在婴儿的身后，倾斜约45°，不要让婴儿看到人，面前也不要有吸引婴儿的物品，不要面对面地逗引，观察婴儿听到声音无反应。第二项是不会区分生人和熟人，代表婴儿个人社交的发育情况。婴儿对陌生人没有拒抱、哭、不高兴或惊奇的表现，婴儿见到陌生人不会躲，不会观察陌生人的反应。

第三项是双手间不会传递玩具，代表婴儿精细动作的发育情况。婴儿不会把手中的物品从一只手换到（传递）另一只手，给婴儿一个玩具后可以刻意再给他一件有吸引力的物品，观察婴儿双手不能很好地协调抓握物品。第四项是不会独坐，代表婴儿大运动的发育情况。在没有支撑的情况下，婴儿不会独坐，在没有人辅助也没有物体支撑的情况下，婴儿腰部不能挺直独坐，前倾双手支撑床面或者后倒无支撑，或者向两侧倾斜不会保护自己。

12月龄：第一项是呼唤名字无反应，代表婴幼儿语言的发育情况。在婴幼儿背后附近呼唤其名字，婴幼儿不会转头寻找呼唤的人，不要让婴幼儿看到人，面前也不要有吸引婴幼儿的物品，不要站在面前喊名字，呼其名字无反应。第二项是不会模仿"再见"或"欢迎"动作，代表婴幼儿个人社交的发育情况。婴幼儿不会模仿成人以挥手表示再见、拍手表示欢迎，面对面示范婴幼儿仍不会模仿。第三项是不会用拇食指对捏小物品，代表婴幼儿精细动作的发育情况。婴幼儿不会用拇指和食指对捏起葡萄干大小的物品，不会拇食指一起协调捏起东西，有的婴儿会有拇指内收的情况。第四项是不会扶物站立，代表婴幼儿大运动的发育情况。婴幼儿不会双手扶着物体站立，不会扶着栏杆、沙发面、茶几面站立，站立时身体要靠在物体上，胸脯不能离开物体，或者下肢无力，站一下又一下子倒下去，不能持续站立。

18月龄：第一项是不会有意识叫"爸爸"或"妈妈"，代表婴幼儿语言的发育情况。见到爸爸、妈妈（爷爷、奶奶）时，不会有意识并正确地叫出，不能准确地对着妈妈喊"妈妈"，对着爸爸喊"爸爸"，不能把称呼和相应的人对应起来。第二项是不会按要求指人或物，代表婴幼儿个人社交的发育情况。不会按照成人的语言指令用手指出常用常见的物品如奶瓶、电视，不能分辨出爸爸、妈妈、爷爷、奶奶等熟悉的人，不认识照片上熟悉的人。第三项是与人无目光交流，代表婴幼儿个人社交的发育。成人跟他说话时，大部分时间无目光对视，或回避目光接触，不看人脸，没有共同关注，寻求帮助时只会用手势去拉成人，不会运用目光来寻求帮助。第四项是不会独走，代表婴幼儿大运动的发育情况。在没有支持的情况下，不会自己单独走路，需要拉着成人的手，或者推着学步车，步态跟跄。

24月龄：第一项是不会说3个物品的名称，代表婴幼儿语言的发育情况。不会说日常熟悉物品的名称，如灯、车、杯等，不能准确地发音，不能有意识地说出具体的名词。第二项是不会按吩咐做简单事情，代表婴幼儿个人社交的发育情况，如拿东西、把奶瓶拿过来、把垃圾扔到垃圾桶里、请打开等简单的语言指令，不能去执行。第三项是不会用勺吃饭，代表婴幼儿精细动作的发育情况。不会自己拿小勺吃饭，拿不稳勺子，或者无法拿勺子舀出食物，会撒出较多食物。第四项是不会扶栏上楼梯/台阶，代表婴幼儿大运动的发育情况。不能扶着楼梯扶手或墙上台阶上楼梯，下肢无力抬脚，上肢借助外力时不能控制整个身体的协调移动。

30月龄：第一项是不会说2～3个字的短语，代表婴幼儿语言的发育情况。不能说"动+宾"或"主+谓"结构的句子，如"喝水""出去玩""喝奶"等简短的句子。第二项是兴趣单一、刻板，代表婴幼儿个人社交的发育情况。总是以固定的方式长时间地玩耍某一两种玩具，如玩汽车时只玩汽车的轮，反复把汽车翻过来来回转动汽车的轮子，或者趴在地上盯着车轮子看，不看其他汽车玩具的功能，反复开关门，按动开关。第三项是不会示意大小便，同样代表婴幼儿个人社交的发育情况。白天要大小便时不会用动作或语言表示，以寻求家长帮助。不会脱裤子，有便意时随时随地大小便，不知道去卫生间，经常尿湿裤子、拉裤子，不会主动向成人表示。第四项是不会跑，代表婴幼儿大运动的发育情况。不会双臂协调摆动跑起来，跑不起来，需要跑时只是快步走。

36月龄：第一项是不会说自己的名字，代表婴幼儿语言的发育情况。当问"你叫什么名字？"时，不会正确地说出自己的名字或小名。第二项是不会玩"拿棍当马骑"等假想游戏，代表婴幼儿个人社交的发育情况。不会拿棍当马骑，不会拿椅子排队当火车，不会玩过家家游戏，不会模仿成人照顾孩子，给娃娃喂饭、打针等。第三项是不会模仿画圆，代表婴幼儿精细动作的发育情况。不会模仿成人用笔画圆圈，不会握笔，不会运笔，画圆时经常乱涂，线团样乱画。第四项是不会双脚跳，代表婴幼儿大运动的发育情况。不会双脚同时离地跳起、落下，双脚不能并在一起起跳，落地时双脚不能同时落地，落地不稳。

4岁：第一项是不会说带形容词的句子，代表幼儿语言的发育情况，如不会说"红色的气球""漂亮的衣服"等。第二项是不能按要求等待或轮流，代表幼儿个人社交的发育情况。当玩或做事情时，不能按成人的要求等待或按顺序轮流进行，经常不管不顾周围的要求，不守秩序。第三项是不会独立穿衣，代表幼儿精细动作的发育情况。在没有成人帮助的情况下，不会自己穿开衫或内衣等衣服，会穿反衣服，前后、左右不分。第四项是不会单脚站立，代表幼儿大运动的发育情况。不会做金鸡独立的动作，当不扶任何东西时，不能单脚站立。

5岁：第一项是不能简单叙说事情经过，代表幼儿语言的发育情况。不会告诉家长在幼儿园里或者在家里既往发生过的事情，如"我今天吃饭吃得好，老师给我一朵小红花""昨天妈妈带我和哥哥一起去公园里看花"。第二项是不知道自己的性别，代表幼儿个人社交的发育情况。当问"你是男孩还是女孩?"，不能正确回答。第三项是不会用筷子吃饭，代表幼儿精细动作的发育情况。在有要求或训练的情况下，幼儿仍然不会自己使用筷子吃饭，不会用筷子夹菜、夹面条，只会用筷子挑起食物。第四项是不会单脚跳，代表幼儿大运动的发育情况，不会单脚上下跳几下。

6岁：第一项是不会表达自己的感受或想法，代表幼儿语言的发育情况。不会用语言表达自己的感受或想法，如不会用语言表达"我今天很开心""我今天想和小明一起出去玩"。第二项是不会玩角色扮演的集体游戏，代表幼儿个人社交的发育情况，如不会在3人以上的集体中，玩扮演"警察""老师""医生"等角色游戏。第三项是不会画方形，代表幼儿精细动作的发育情况，不会模仿成人用笔画方形。第四项是不会奔跑，代表幼儿大运动的发育情况，不会挥动双臂协调地大步快跑。

三、结果评定

基层保健医生现场询问婴幼儿家长或测试婴幼儿反应，检查有无相应月龄的预警症状，发现相应情况在"□"内打"√"。出现任一项预警征象阳性，即判定为筛查阳性，存在心理行为发育偏离可疑。对存在发育偏离的婴幼儿要进一步诊断评定，或者转诊到专科门诊、专科医院，以明确婴幼儿是否有发育障碍的风险，从而实现早期发现，早期干预。

四、注意事项

（1）预警征适用于0～6岁婴幼儿。在进行健康体检时选用相应的月龄点条目进行测试。如果婴幼儿体检时不能与相应的月龄匹配，应采用实足月龄条目进行测试，如接近下一月龄（1周之内），可以用下一个月龄为参考。

（2）条目测试采用工作人员与抚养人一对一询问的方式。当抚养人无法清晰作答时，施测者可进行正确解释，必要时可通过现场测试来判断。

（3）发现任何一条预警征象阳性，应采用其他检查工具做进一步的筛查和诊断。如本机构人员不具备进一步筛查和诊断的条件时，应转诊到上级医疗单位和机构。

实践运用

在托育中心，有一位2岁孩子的妈妈前来咨询她的孩子在托育中心的表现，想知道孩子能否和其他孩子友好相处，他的生活自理能力怎么样，是否正常。假设你是托育中心的一名老师，为了很好地回答这位孩子妈妈的咨询，你应该设计什么样的问题呢？

聚焦点：

1. 首先向家长了解这名2岁幼儿的出生史、个人史、生长发育史等，以排除有无其他影响发育的情况。

2. 确定2岁幼儿发育的关键点，不仅需要关注家长关心的问题，还要根据预警征涉及的内容在日常教学活动中给予有意的现场测试，以明确这名幼儿真实的发育情况。

3. 根据筛查量表得出结论后要对家长进行合理解释，同时还要告知家长在育儿过程中需要重点关注的地方，给予家长恰当的建议，促进幼儿的健康成长。

学习效果检测

1. 预警征主要包含哪四方面的内容？

2. 在实际工作中，根据预警征的内容，对一个2岁的幼儿，你更多会关注哪些方面的发育情况？

3. 如果在对婴幼儿的预警征筛查中发现了阳性项目，下一步你该怎么做？

4. 一个3岁的孩子现在会说常见物品的名称，不会说自己的名字，不会说"给我，喝奶，吃饼干"等简单的短句，能听懂指令，会跑，不会跳，会用勺子吃饭，这个孩子的发育正常吗？

5. 儿童早期综合发展有哪些意义？

6. 哪个年龄段是婴幼儿发育的关键期？在这个关键期，我们需要关注哪些方面才能促进其身心健康成长？

文本资源

学习效果检测参考答案

学习任务 3
0～6 岁儿童智能发育筛查测验

学习任务单

项目	内容
学习目标	学习完本任务后，你应该能够： ①了解 DST 的作用、内容、操作流程及注意事项。 ②熟悉 DST 的评分要求。 ③掌握 DST 的结果解读。
学习要点	本任务的重点、难点： ①每个年龄段 DST 包含的内容，测评起始年龄段的判断。 ②临床中如何灵活运用 DST。 ③对于 DST 筛查异常的婴幼儿如何给出合理化建议。
学习建议	学习前： ①完成本任务下的案例导入活动。 ②了解 DST 的内容和作用。 学习中： ①完成本任务中相关的互动活动。 ②熟悉 DST 的内容。 学习后： ①完成本任务后相关的学习效果检测。 ②可以应用 DST，逐步熟练 DST 的操作流程，能对结果进行判定并对家长进行合理化的指导和建议。
学习运用	你觉得在哪些工作场景中可以运用到本任务所学内容?（请填写）
学习反思	请记录你在学习过程中的相关思考。（请填写）

想一想

1. 智能发展是否有关键期，在这一时期如何促进智能的发展？

2. 哪些因素会影响智能的发展？

案例导入

火火和木木是一对同卵双胞胎姐妹，3岁，虽然两个人长得一模一样，但是火火内向、胆小，不敢说话，见到生人就往后缩；木木活泼可爱，口齿伶俐，人见人爱。她们该上幼儿园了，由妈妈和爸爸带着前来做入学前的检查。你作为接待老师，发现火火怎么逗她都不能和你配合，不玩玩具，也不说话，就呆呆地一直躲在妈妈的怀里，好吃的、好玩的都给了还是不配合，而木木每次玩玩具时都能很准确、快速地理解玩具的玩法，和你一问一答，语言表达清晰。两个孩子是同卵双生，为什么差别这么大？原来因为爸爸和妈妈要工作，无法同时抚养两个孩子，火火就被送到乡下奶奶那里生活，在乡下，奶奶除了满足孩子的吃穿需要，很少和孩子互动交流；而木木就不一样，因为木木从小体质弱，爸爸妈妈特别关注木木的成长，按时带木木到医院儿童保健科体检、接受测评，每次体检结束，会按照医生的建议回家后给木木更多的陪伴和游戏。

应用DST评估婴幼儿运动、社会适应及智力等方面的综合发育情况，给予婴幼儿早期干预，促进其全面发展尤为重要。本学习任务将告诉你可以用何种方法来进行婴幼儿智力发育的筛查，对于火火这样的孩子，如何判断其智能发育的情况，如果存在发育落后的情况，如何帮助家长解决。在本学习任务中，我们会介绍如何应用DST来早期发现婴幼儿的发育偏离，如何早期对家长进行指导，如何纠正偏离的婴幼儿，使其向正常方向发展。

一、适用年龄和作用

0～6岁儿童智能发育筛查测验（DST）是一种经过改良、适合我国社会文化背景的婴幼儿智能发育筛查类测评量表。DST由上海复旦大学附属儿科医院参照20多种国内外智能发育量表，结合我国国情编制而成，于1996年完成了全国城市常模的制定。

DST包括120个项目，分为运动、社会适应、智力3个能区，适用于0～6岁婴幼儿，测验表中的项目一直延伸到8岁，但这仅是为使6岁及以下婴幼儿超过平均水平的能力也能得到合理的评价而设计的，绝不能用于测量7岁甚至8岁儿童。在0～3岁婴幼儿的系统管理中，DST大大提高了智能发育可疑婴幼儿的检出率，使专业人员能对可疑的婴幼儿进行长期随访和复查，对异常婴幼儿进一步检查，使可疑婴幼儿能尽早接受康复训练，做到早发现、早诊断、早治疗。DST只能用于筛查，不得用于诊断。

二、测评内容和方法

（一）标准测评用具及规格

深色方布1块，红绒球1个，金属铃1只，红皮球1个，红色糖小丸1粒，长柄摇荡鼓1只，红色方木6块，躲猫猫纸1张，有柄杯子1只，透明玻璃小瓶1只，铅笔1支，纸1张，小盒子1个，黑白纽扣各5粒，蓝色方形带孔小木珠5粒，带子1条，网球1个，印有迷津的测试纸1张，3张荒谬图画，带木柄的跳绳1根，3对拼图。

（二）测评内容

DST共分为3个能区（见图2-2）：运动能区（30个项目）、社会适应能区（30个项目）和智力能区（60个项目），共有120个项目。每个能区中，从左到右依次为年龄、项目号、得分、情景和项目名称（见表2-3）。测验从0月到96月共分为29个年龄组。

学习笔记

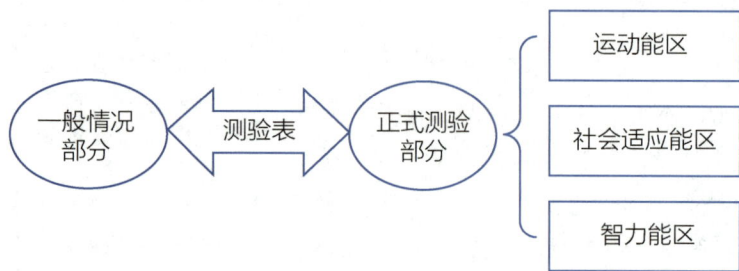

图 2-2　DST 结构图

除 0 月组外，在每个年龄组中，运动和社会适应能区各有 1 个项目，智力能区则有 2 个项目。

（三）测评方法

测评室应尽量安静，环境布置要舒适、简洁。在进行测评时，年龄小的婴幼儿可以坐在小床上或家长腿上，年龄大的婴幼儿可以自己坐在椅子或凳子上，但椅子或凳子要稍高些，尽量靠近桌子，使受测婴幼儿在测评时容易摆弄测评用具，施测者把当时不需要用的测评用具拿开，只留一两件测评用的材料，以免受测者注意力分散。施测者与受测者的良好关系是测验成功与否的先决条件，若受测者对施测者很生疏，甚至惧怕，会影响测评结果的真实性。

首先询问婴幼儿的出生日期，用下列算式即测验日期减去出生日期便可获得婴幼儿的年龄。倘若减法时要借位，可以从月项借 1 得 30 天，从年项借 1 得 12 月，先从右端开始计算出日，然后月，最后年。

例如：

	年	月	日
测验日期	2022	1	15
出生日期	−2020	−3	−10
婴幼儿年龄	1	10	5

因此，该受测者的年龄为 1 岁 10 月 5 天。计算好年龄后，按照实足年龄来选择测评起始年龄段。测验表中受测者所有会做的项目都评为通过，所有不会做的项目均评为失败。各能区从受测者所在年龄组项目开始操作，然后向上进行更小年龄组的项目，直到该能区连续两个年龄组的项目全部通过为止；再向年龄大的方向做，直到该能区连续两个年龄组的所有项目失败为止。若在这测评范围以外，仍有更小年龄组的项目失败或更大年龄组的项目通过，则同样给予评分。按此要求，运动和社会适应能区至少需要分别测试 4 个项目；智力能区至少需要测试 8 个项目，整个测评至少需要测试 16 个项目。

表 2-3　DST

年龄	运动				社会适应				智力				备注
	项目号	得分	情景	项目名称	项目号	得分	情景	项目名称	项目号	得分	情景	项目名称	
0 月～	1		A	跪爬状活动	1			蒙脸实验 I	1		M	紧握触手物	
							J		2		M	看到视线内红绒球	
									3		N	视线跟到中央	
	2		A	短暂抬头	2			注视人脸	4			听铃声有反应	
1 月～	3		B	腿有力踢蹬	3			逗引时会微笑	5		M	视线跟过中线	
									6			听熟悉声不哭	
2 月～	4		C	扶腋支持部分体重	4			把尿时会解尿	7		M	视线跟随180°	
									8			对测试者说话有反应	
3 月～	5		A	俯卧抬头90°	5			自己玩弄双手	9		N	目光追随在桌上滚过的球	
									10			听铃声转头	
4 月～	6		B	拉坐头不后垂	6			见妈妈或领养人高兴	11		O	注意糖小丸	
									12			抓起摇荡鼓	

续表

年龄	运动				社会适应				智力				备注
	项目号	得分	情景	项目名称	项目号	得分	情景	项目名称	项目号	得分	情景	项目名称	
5月～	7		C	自动跳跃	7			躲猫猫	13 14		O	全掌抓小丸 听名字转头	
6月～	8			翻身	8		J	蒙脸实验Ⅱ	15 16		P P	方木换手 两手握方木	
7月～	9			独坐稳	9		J	蒙脸实验Ⅲ	17 18		O N	用拇指和其他指取小丸 抓柄取铃	
8月～	10		D	扶物站立	10		K	玩具给人不放手	19 20		Q	无意识叫"爸爸""妈妈" 按令用眼睛找人	
9月～	11			手膝爬行	11			按令再见	21 22		P N	二方木互击 有意识摇铃	
10月～	12		D	扶家具行走	12			配合穿衣	23 24		O P	小丸垂指摘 从杯中取出方木	
11月～	13		D	独立稳	13			会表示需要	25 26			模仿发音 按令给人看鞋	
12月～	14		D	走得好	14		K	玩具给人	27 28		Q P	叫"爸爸""妈妈"有意识 叠方木二块	
15月～	15		E	过肩扔球	15			捧杯喝水	29 30		R	自发倒出小丸 指出画片一张	
18月～	16		D	扶栏上楼	16			白天完全控制大小便	31 32		R	盖紧瓶盖 画片说出二张	
21月～	17		E	踢球不示范	17			经帮助洗手、擦干	33 34		P	会说2～3个词的句子 叠方木六块	
24月～	18		D	跑得好	18			自解裤子坐便盆	35 36			杯子和笔的用途 说出姓名	(2对2)
27月～	19		F	双足并跳	19			穿鞋不系带	37 38			塔桥 选钮扣	
30月～	20		F	立定跳远20cm（2成1）	20			自解钮扣	39 40			穿木珠(3粒/分钟) 重复短句	
33月～	21		F	并足从楼梯末级跳下(2成1)	21			独自洗手	41 42			模仿画圆 说出性别	
36月～	22		G	独足立5秒（2成1）	22			自扣钮扣	43 44			计数到3 拼图(猪、圆)	(2对2)
42月～	23		F	独足跳	23			能使用筷子进食	45 46			反义词 拼长方形	(3对3)
48月～	24		H	足跟对足尖向前走5步	24			独自大小便	47 48		S	不完整人像添3部分 区别上下午	

续表

续表

年龄	运 动				社会适应				智 力				备注
	项目号	得分	情景	项目名称	项目号	得分	情景	项目名称	项目号	得分	情景	项目名称	
54 月～	25		G	独足立 10 秒（2 成 1）	25			自穿开襟毛衣或外套	49 50		S	定义：球、帽子 不完整人像添 4 部分	(2 对 2)
60 月～	26		H	足尖对足跟向后退 5 步	26			独自洗脸	51 52			2＋3，4＋5 左手摸右耳，右手摸左耳	(2 对 2)
66 月～	27		I	抓住跳跃的球（2 成 1）	27			独自上街买东西	53 54		T	鸟和苍蝇相同之处 迷津(1、2)	(2 对 2)
72 月～	28		I	拍球 5 下（2 成 1）	28			自系鞋带	55 56			（示范 1—3—5） 倒数 5—8—7 6—9—2 荒谬画图	(2 对 2) (3 对 3)
84 月～	29		I	跳绳 6 次（2 成 1）	29			自己洗澡	57 58		U T	词汇 * 迷津(3)	(6 对 4)
96 月～	30		I	拍球 10 下（2 成 1）	30			自剪指甲	59 60		U	荒谬语言 词汇	(6 对 6)

　　3 个能区的测试程序是：首先测试智力能区的项目，其次测试社会适应能区的项目，最后测试运动能区的项目。因为如果先测试运动能区的项目，有些孩子到处走动游玩后，不易再安静地坐下来完成其他能区的项目。为了帮助施测者确定哪些项目适合一起操作，本测验在测验表中设立了情景栏目。

　　同一情景的项目标以相同的英文字母，施测者只需浏览附近相同的字母，就能很快找到同一情景的项目。如在操作"俯卧抬头 90°"时，该项目的情景编码为"A"，浏览附近的情景编码，很快找到有 2 个项目的情景编码为"A"，它们是"跪爬状活动"和"短暂抬头"。这些项目均是在受测者俯卧姿势时测试的，应连在一起完成。测评过程中，施测者要避免反复做相同的测试项目。

什么是智力？

　　智力（intelligence）是指生物一般性的精神能力，指人认识、理解客观事物并运用知识、经验等解决问题的能力，包括记忆、观察、想象、思考、判断等。这个能力包括以下几点：理解、判断、解决问题、抽象思维、表达意念以及语言和学习的能力。"智力"的定义也可以概括为：通过改变自身、改变环境或找到一个新的环境去有效地适应环境的能力。智力也叫智能，是人们认识客观事物并运用知识解决实际问题的能力。智力的高低通常用智力商数（intelligence quotient, IQ）来表示，用以表示智力发展水平。

　　智力有着先天的差异，即有高低之分，为了量化这一高低之别，人们提出用测试的方法去实现，这就是我们说的智力商数测试，即智商测试。

　　早在两千五百多年前，我国古代教育家孔子就根据自己的观察，评定学生的个体差异，把人分为中人、中人以上和中人以下，孟子也曾说过："权，然后知轻重；度，然后知短长。物皆然，心为甚。"这就明确指出了对心理现象进行测量的必要性和可能性。《管子·形势解》："能自去而因天下之智力起，则身逸而福多。"

三、结果评定

对于每一个项目，施测者在记录成功的表现时，在得分栏中标以"P"（即 pass，通过），失败标以"F"（即 failure，失败），未观察到或缺漏标以"No"。为以后评价参考起见，施测者还应记下受测者的某些特殊表现，如受测者当时的身体状况、注意力是否持久、是否存在不配合的状态等。

测评结束后首先要进行量表原始分的计算，每个能区的原始分就是受测者在该能区通过的项目数。测验表中每个能区均有"项目号"栏，将得分为"P"的最后一个项目号减去此项目前的失败项目数，即可很快得到该能区的原始分数。3 个能区原始分数之和即为测验原始总分。

计算出受测者的年龄和测验原始分后，就可以在 DST 附表中（见表 2-4）分别查出发育商（developmental quotient，DQ）和智力指数（mental index，MI）。查 DQ 的方法是：在附表的横栏中找到受测者的年龄所在组，在左侧纵栏中找到所得的测验原始分，二者交叉点的数值即为该受测者的 DQ；查 MI 的方法是：在附表的横栏中找到受测者年龄所在组，在左侧纵栏中找到智力能区的原始分，二者交叉点的数值即为该受测者的 MI。

表 2-4　DST 附表（部分）

与智力能区原始分相当的智力指数（MI）											
年龄（月）	0—	1—	2—	3—	4—	5—	6—	7—	8—	9—	10—
原始分											
1	67	46									
2	78	57									
3	89	67	40								
4	101	78	52								
5	112	89	64	47							
6	123	99	76	58	46						
7	134	110	88	70	56	44					
8	146	121	100	81	65	52					
9	157	131	112	92	74	60					
10		142	124	104	84	68	50				
11		153	136	115	93	75	58				
12		148	127	102	83	66					
13		160	138	111	91	73	47				
14			150	121	99	81	56				
15				130	106	89	65	50			

—9—

如表 2-4 所示，大多数婴幼儿的 DQ 和 MI 数值会在 50 和 150 之间，而特殊婴幼儿的 DQ 和 MI 数值有可能不在表中所列 DQ 或 MI 的数值范围内，在这种情况下，DQ 和 MI 应写作"＜50"或"＞150"。DQ 与 MI 均＜70 为异常，两个值在 70 与 84 之间为可疑，两个值均≥85 为正常。如何向家长解释结果见图 2-3。

> 孩子智能发育正常，就如实告诉家长。

> DQ 或 MI 在 130 以上，不要说孩子是超常儿童，只需告诉家长孩子发育较好，并可给家长一些如何培养孩子的指导。

> 如果孩子是低常智能（DQ 或 MI＜70）或处于低能边缘，应向家长说明本测验是筛查性质的，另外孩子本身表现也有波动，应做进一步测评再做定论。

图 2-3　DST 结果解读

四、注意事项

（1）必须向家长讲清楚测评的目的和要求，务必对家长说明 DST 不是确定孩子聪明与否的，而是了解孩子目前的发育水平的，不能预测孩子以后的发展方向，不要求孩子完成所有项目，告知家长孩子有几项不会做是正常的，以减轻家长的焦虑情绪。另外，测评时家长可以在旁帮助安抚孩子。

（2）测评开始前，为了赢得受测者的愉快合作，施测者可表示要与其做游戏，这样有助于建立宽松愉快的氛围。

（3）在测评进行过程中，施测者应始终保持亲切的态度，使用鼓励的语气。每次完成项目后可向受测者微笑、点头或表达赞许，这有助于保持受测者的兴趣和良好反应。

（4）测评时要保持同一姿势的项目应集中在一起进行，以免受测者频繁改变体位。

（5）使用同一测评用具的项目应尽量集中在一起进行，以方便操作。

（6）先测试受测者感兴趣的项目，需要谈话或执行某种命令的测试项目，应保留在受测者反应较为自如时进行；受测者对某一测试项目丝毫不感兴趣时，可以暂时不进行此项目的测试，改换为其乐于接受的项目，最后再回来测试其不感兴趣的项目。

（7）在测试某一项目时，受测者无意中完成了另一个需要测试的项目，应随时记分。

（8）本测验的手册、用具和记录纸等均属科学保密材料，切勿随意扩散。

📡 实践运用

公园里，几位宝妈正在热烈地讨论她们孩子目前的发育情况，你正好带领着幼儿园的小朋友来游园，一位宝妈看见了你，向你来讨教。俗话说三翻六坐（婴儿 3 个月会翻身，6 个月会坐），可是她的孩子至今 7 个月了还不会翻身，这正常吗？是不是存在发育障碍？她很焦急。作为幼儿教师，你会对她进行哪方面的询问和指导？

聚焦点：

1. 了解这个孩子的个人史、生长发育史，了解孩子是否早产，是否存在出生时高危因素，如果早产，要参考纠正胎龄以后的发育情况。

2. 确定婴幼儿运动发育的关键点，不仅要观察孩子的运动发育情况，同时也要关注其社会适应、精细动作等智能的发育情况，以明确其整体的发育情况。

3. 筛查结束后要对家长进行详细的结果解释，同时还要指导家长在育儿过程中对孩子进行早期发展的干预，建议家长定期带孩子健康查体，及时发现问题，及时干预，促进孩子健康成长。

🐘 学习效果检测

1. DST 主要包含哪三方面的内容？

2. DST 适合对哪些婴幼儿进行筛查？

3. 如果在对婴幼儿智能发育筛查中发现婴幼儿的 DQ 和 MI 均在边缘状态，如何给家长解释该结果？

4. 对一 6 个月的婴儿，你会重点从哪些方面询问家长和测试这个婴儿，从而来评定这个婴儿的智能发育是否正常？

5. 在对一个 2 岁的孩子进行智能发育筛查时，孩子跑来跑去，把测评用具乱扔一通，不配合测评，为了让测评能够顺利进行，你会做哪些工作？

6. 一 4 个月的婴儿智能发育筛查结果为 DQ 76、MI 80，这个结果是否正常？

文市资源

学习效果检测参考答案

学习任务 4
丹佛发育筛查测验

学习任务单

项目	内容
学习目标	学习完本任务后，你应该能够： ①了解 DDST 的测评方法和注意事项。 ②熟悉 DDST 的测评内容。 ③掌握 DDST 的适用年龄、作用和测评结果的评定。
学习要点	本任务的重点、难点： ①DDST 的适用年龄和作用。 ②DDST 的测评内容及测评结果的解读。
学习建议	学习前： ①完成本任务下的案例导入活动。 ②了解发育正常的婴幼儿在不同年龄阶段的个人—社会、精细动作—适应性、语言、大运动的表现。 学习中： ①完成本任务中相关的互动活动。 ②查阅并摘抄关于 DDST 的相关知识，并记录下自己的认识。 学习后： ①完成本任务后相关的学习效果检测。 ②对孩子的 DDST 结果能进行初步解读，对家长能进行合理化的指导和建议。
学习运用	你觉得在哪些工作场景中可以运用到本任务所学内容？（请填写）
学习反思	请记录你在学习过程中的相关思考。（请填写）

📚 案例导入

2 岁的佑佑来托育机构已经 1 个月了，机构的工作人员没有发现佑佑与同龄正常孩子有什么差别。一天，妈妈带着佑佑到儿保科进行常规 2 岁体格检查，并进行了小儿发育筛查评估。测评结果显示异常，医生建议 2～3 周后复测。复测的结果是可疑，医生又建议妈妈带佑佑找小儿专业医生进一步检查并进行诊断评估，结果发现佑佑的语言发育属于边缘状态（接近正常值），其余正常，建议家长在日常生活中加强教育干预，定期带孩子到医院接受评估。

如果你是托育机构的一位老师，碰到此类问题，你会怎么处理？你对孩子语言、运动、社交、适应性及精细动作的正常发展熟悉吗？如果孩子需要进行筛查评估，需要做什么测评？本学习任务将围绕 DDST 的相关知识展开，希望能够对你有益。

一、适用年龄和作用

（一）适用年龄

丹佛发育筛查测验（DDST）是美国弗兰肯堡（Frankenburg）与多兹（Dodds）编制的简明发育筛查工具，于 1967 年发表在美国《儿科学》（*Pediatrics*）杂志上。1982 年北京市儿童保健所林传家教授牵头，召集组织全国协作组进行 DDST 全国再标准化研究，因武汉资料被洪水冲毁，仅对北方六市 6866 名被试的 DDST 标准化资料进行汇总，制订出我国小儿智能发育筛查量表，目前在国内广泛应用的是这个再标准化的中文版。该工具的适用群体为 0～6 岁的婴幼儿，测评一般需要 15～20 分钟。

（二）作用

（1）作为常规的发育筛查工具，可以使用 DDST 对临床上无明显症状而在发育上可能有问题的婴幼儿进行筛查，从而初步了解 0～6 岁婴幼儿的发育情况。

（2）对可能有问题的婴幼儿可用 DDST 筛查进行初步判定，以确定是否具有发育迟缓或异常的高度可能性。

（3）对有高危因素的婴幼儿进行发育监测。

（4）观察早期治疗和干预训练的效果。

二、测评内容和方法

（一）测评内容

国内标准化后的 DDST 分为 4 个能区，共 104 个项目，具体包括个人—社会、精细动作—适应性、语言、大运动 4 个能区。个人—社会能区反映婴幼儿对周围人的应答能力和日常生活自理的能力，如与大人逗笑等；精细动作—适应性能区反映婴幼儿眼手协调等能力，如看、用手取物和画图等；语言能区反映婴幼儿言语接受、理解和表达的能力，如理解大人指示、用言语表达需求；大运动能区反映婴幼儿坐、立、行走和跳跃等能力。

📡 备考指南

2019 年育婴师考试试题

婴儿智能发育测评表中所包含的测评领域有（　　　　）

A. 大动作、精细动作、平衡能力、言语、情绪和社会行为

B. 大动作、绘画能力、认知能力、言语、美感和社会行为

C. 大动作、精细动作、认知能力、言语、情绪和社会行为

D. 大动作、平衡能力、认知能力、言语、情绪和自理能力

参考答案：C

Q 拓展阅读

DDST 条目释义（部分）

1. 个人—社会

（1）注意人脸：当小儿仰卧、检查者面对小儿的脸距离约 30cm 时，小儿能肯定地注视检查者。

（2）反应性微笑：小儿仰卧时，检查者或家长用声音、表情等引逗小儿笑，小儿以微笑来回应。逗笑时注意不要接触小儿。询问家长时可问："小儿在未接触身体的逗笑时是否微笑过？"

2. 精细动作—适应性

（1）对称动作：小儿仰卧，双臂或双腿的活动几乎一样多。出生时就 100% 通过。

（2）跟至中线、跟过中线、跟随 180°：小儿仰卧，使其脸转到一侧，置红线团于离小儿脸约 15cm 处，摇动线团引起小儿注意，然后把线团慢慢移动，移动沿着弧形从一侧开始，达到小儿头部中线，最后移到他侧。必要时可停止移动，引起小儿注意后再继续移动，可重复 3 次，注意观察小儿的头部和眼的活动。如小儿双眼或头部及双眼跟着线团抵达中点，为"跟至中线"；若小儿用眼或用头和眼跟随线团移动，跟过中线，为"跟过中线数秒钟"。检查时，让小儿仰卧或抱在家长怀中，把拨浪鼓细杆接触小儿手指背或指端使他抓住。

3. 语言

（1）对铃声反应：检查者拿着铃，在小儿一侧接近他耳后轻轻地摇铃，小儿有听到铃声眨眼、呼吸节律有改变、活动改变等反应。若小儿第一次好像没有听到，可再试一次。

（2）会发语音不是哭（R）：小儿有除哭声以外的喉音。可在测评期间观察，如当场没有听到，可询问家长小儿有无发过喉音。

4. 大运动

（1）俯卧举头（R）：小儿俯卧一平面上（桌子或床上），能抬头片刻，下颌离开桌面，而不是向侧面转动。

（2）俯卧抬头 45°：小儿俯卧在一平面上，抬头时脸与桌面约成 45°。

想了解 DDST 全部条目释义，请扫描文旁二维码。

文本资源

DDST条目释义

（二）测评方法

1. 测评用具

红色绒线球（直径约 10cm）1 个；葡萄干（或类似葡萄干大小的小丸）若干粒；有柄拨浪鼓 1 把；无色透明玻璃瓶（瓶口直径 1.5cm）1 个；小铃铛 1 个；花皮球（直径分别为 7cm 和 10cm）2 个；正方形积木（边长 2.5cm）11 块，其中红色 8 块，蓝色、黄色、绿色各 1 块；红铅笔 1 支；白纸 1 张；语言测试卡片。

2. 测评步骤

DDST 为现场测评，一般需要 10～20 分钟，大部分项目由施测者通过现场观察婴幼儿对测试项目的反应和完成情况进行评定，小部分项目需要询问家长获得（筛查表中标有"R"）。测评前先计算年龄，年龄计算原则上不纠正胎龄。测评时，首先根据受测婴幼儿年龄，在筛查表上画出年龄竖切线，每个能区先测年龄线左

侧的项目,至少测三项,然后向右侧项目测查,直到测到年龄线通过的所有项目,因为项目越靠左越难,所以不需再向右测查。每个项目可重测三次。询问家长的项目,要详细问明婴幼儿完成时的具体情境和过程,尽可能还原实际情况,同时要避免暗示性的语言。早产和过期产婴幼儿年龄线不作调整。施测下一项目时,应先收起上一项目的所有用具。

DDST 筛查表中每个横条表示一个测查项目。这些项目以横条的形式排列于 0~6 岁年龄的范围内,并分别安排在 4 个能区。测评结果标记在项目横条上,以"P"表示通过,完成该项目;"F"表示失败,没完成该项目;"R"表示拒绝,不合作;"NO"表示婴幼儿没有机会或条件做该项目。"R"和"NO"在总分计算时不考虑在内。在年龄线左侧的项目如果通不过,认为"发育迟缓",用"F"表示并用红笔标记出来。过年龄线的项目如果通不过,仅用"F"表示,不认为发育迟缓,也不必用红笔标记。

三、结果评定

测评结果记录在年龄线下方,测评结果分为正常、可疑、异常及无法判断。

(1)异常:2 个或 2 个以上能区,有 ≥2 项迟缓;1 个能区有 ≥2 项迟缓,同时另外 1 个或多个能区有 1 项迟缓且同区年龄线切过的项目都未通过。

(2)可疑:1 个能区有 2 项或更多项迟缓;1 个或更多能区有 1 项迟缓且同区年龄线切过的项目都未通过。

(3)无法评判:不合作项目、没有机会或条件做的项目过多。

(4)正常:无上述情况。

如果第一次为异常、可疑或无法判断时,2~3 周后应予以复测。复测结果应记录在同一张筛查表上,用另一色笔记录。如果复测结果仍为异常、可疑或无法判断,而且家长认为测评结果与婴幼儿日常表现基本符合,应转诊到专业机构做进一步检查。

四、注意事项

(1)仔细阅读筛查和技术手册,严格按照标准施测、评价和解释。施测者必须经严格培训。

(2)使用测评量表规定的测评用具,不能随意更换或替代,测评用具损坏应及时照原样补充。

(3)了解受测婴幼儿和家长的心理,取得他们的合作。测评过程中施测者要观察受测婴幼儿的状态及配合情况等并做记录。

(4)根据受测婴幼儿的体位和配合情况灵活选择测试项目,从易配合、易成功的项目开始。同一测试体位相关的项目可连续进行(小于 3 月可从仰卧位到俯卧位再到坐位)。每个项目至多重复 3 次,示范项目至多示范 2 次。

(5)准确判断和解释测评结果,不能确定者(结果可疑或无法解释)2~3 周后应重复筛查,复测结果仍不正常者,转专业医生接受进一步检查评估。

(6)DDST 不是智力发展水平的测评,其性质为筛查性的,对婴幼儿目前和将来适应环境能力和智力发展潜力无预测作用,DDST 不能替代诊断性评定。

(7)正确讲出测试要求,不要提示、暗示和问受测婴幼儿"会不会、能不能……"。

（8）早产和过期产婴幼儿年龄线不作调整，所有测评记录和计算结果均需保留（记录在筛查表背面）。

实践运用

溪溪在一所托育机构2个月了，溪溪看起来与同龄的孩子没有明显的差别。刚过完2岁的生日，溪溪的妈妈便带溪溪来儿保科体检并接受评估。检查者使用DDST对孩子进行了测评，测评结果如下：个人—社会能区有2项迟缓，其余未见异常。你作为检查者，你会怎样判定溪溪的测评结果？你会给家长什么样的建议呢？

聚焦点：

1. 熟悉DDST测评结果的判定：溪溪的测评结果显示个人—社会能区有2项迟缓，这符合"1个能区有2项迟缓"的判定标准，为可疑。

2. 明确DDST为筛查类测评量表，不能用于临床诊断，因此建议家长2～3周后带孩子到医院复查，若结果仍显示异常，转专业医生进一步评估诊断。

学习效果检测

1. DDST的适用年龄是多大？

2. DDST的作用有哪些？

3. DDST包括哪些能区？

4. 测评结果的记录符号"P""F""R""NO"各表示什么？

5. DDST测评结果分为哪几种情况？每一种情况是如何判断的？

6. 运用DDST进行测评，需要注意哪些事项？

文本资源

学习效果检测参考答案

学习任务 5
汉语沟通发展量表

学习任务单

项目	内容
学习目标	学习完本任务后，你应该能够： ①了解 CDI 的结果判定方法和解读。 ②熟悉 CDI 所适应的范围。 ③掌握 CDI 的作用和用途。
学习要点	本任务的重点、难点： ①CDI 的构成。 ②临床中如何灵活运用 CDI。 ③对于语言发育迟缓的婴幼儿如何给出合理化建议。
学习建议	学习前： ①完成本任务下的案例导入活动。 ②思考 CDI 的作用和内容。 学习中： ①完成本任务中相关的互动活动。 ②熟悉 CDI 包含的内容。 学习后： ①完成本任务后相关的学习效果检测。 ②可以应用 CDI 对语言发育迟缓的婴幼儿进行筛查。
学习运用	你觉得在哪些工作场景中可以运用到本任务所学内容？（请填写）
学习反思	请记录你在学习过程中的相关思考。（请填写）

案例导入

邻居家有一位 1 岁 9 个月的小男孩，眼睛大大的，很可爱，爬高上梯，活泼好动，能听懂家人的指令，在游乐场也知道和小朋友一起玩耍，但是至今很少发音，会有意识地清晰地叫"爸爸""妈妈"，偶尔会说"拿""要""吃"单个的字，从来不会说如"我喝奶""开门"等两三个字的句子。有需求时要么是直接拉着大人的手去，要么是发"na，na"的无意义音节，家人听不懂，不理解他的意思时，他常常会哭闹不安。家人担心他是不是舌头有问题，是不是听力有问题，带他去医院的耳鼻喉科检查结果也正常，因此向你询问，你该采用什么方式来对这个孩子进行语言能力的筛查呢？本节将介绍一个简单易行的语言筛查量表，希望能对你有所帮助。

语言是人类进行交流的重要工具，也是智力发展的一个重要组成部分。婴幼儿早期是语言发展的关键时期，语言筛查可早期、主动地发现婴幼儿语言是否存在发育落后的情况，有利于早期干预，更有利于婴幼儿的综合发展。

一、适用年龄和作用

语言筛查可采用动态监测和工具筛查，汉语沟通发展量表（CDI）是在美国芬森（Fenson）等人为说英语的婴幼儿制定的语言与沟通发展量表的基础上，按照汉语语法规律，2001 年由北京大学第一医院梁卫兰教授和香港中文大学的 Tardif T（谭霞灵）通过对北京市 1600 名 8～30 个月婴幼儿进行调查分析，修改完成的。CDI 是采用由父母报告的形式，测量 8～30 月龄说普通话和说广东话的婴幼儿早期语言发育的评估量表。

CDI 分为两个量表。一个是"婴幼儿沟通发展问卷——词汇与手势"，适合 8～16 个月的婴幼儿，包括 3 个部分：常用的手势、词汇量表和能听懂的短语，共含有 411 个词，包含了婴幼儿日常经常听到或用到的绝大多数词汇，按照词性和用途分为 20 类，除了词汇外，还含有测试婴幼儿对一些短语的理解、动作手势运用等的项目。另一个是"幼儿沟通发展问卷——词汇与句子"，适合 16～30 个月的幼儿，包括词汇量表、句子和语法 2 个部分，共含有 799 个词，按照词性和用途分为 24 类。幼儿表中除了词汇外还包含组词、句子复杂程度、能表达的句子长度等，用以评估幼儿的词汇和语法技巧。CDI 是评估婴幼儿早期理解性语言和表达性语言发展水平的工具，能对婴幼儿的早期语言发展进行评估，是判断婴幼儿早期语言发育异常的筛查工具，也可用于听力障碍婴幼儿的早期语言发展评估的临床工作。

二、测评内容和方法

CDI 采用家长报告的形式，询问的对象也是最熟悉婴幼儿情况的家长，CDI 可由家长自行填写，但在填写前需先确保家长已经理解如何进行客观填写以提供真实数据。为方便临床应用，该量表又设计了短表，词汇较少，用时少，方便快速筛查。

下面以词汇与手势短表（见表 2-5）为例。词汇与手势短表适用于 8～16 个月的婴幼儿，检查者首先要采集婴幼儿的基本信息，填写完整，告诉家长要根据婴幼儿平时日常习惯的用语来对表格中涉及的字词进行填写。填表之前要告诉家长填写该表的目的，要让家长知晓婴幼儿处在发展变化中，这些项目的结果只反映婴幼儿目前的发育情况，从而减少家长的顾虑和焦虑情绪。

学习笔记

💡 **想一想**

1. 婴幼儿语言和言语发育障碍都有哪些类型？

2. 在实际中，我们可以通过什么方式来促进婴幼儿的语言发展？

表2-5　CDI普通话版（短表）：词汇与手势

指导语：这个词汇表是用于不同年龄孩子的，我们请您来填这个词汇表的唯一目的，就是想了解孩子们一般什么时候才开始讲话。因此，您的孩子现在完全有可能只知道这表上很少的词，甚至根本不知道，这都是正常的，绝对不要为孩子究竟知道其中多少个字词而担心。

孩子的姓名：＿＿＿＿＿＿　　　　性别：＿＿＿

填表日期：＿＿＿＿＿＿　　　　出生日期：＿＿＿＿＿＿　　　　实际年龄：＿＿＿＿

汉语沟通发展量表
普通话版（短表）：词汇与手势

请用铅笔填写
正确填写　　　　不正确填写
●　　　　　　⊙⊗⊘✓

甲、请指出哪些是您孩子可以听懂的句子（有适当的反应）。

	听不懂	听懂		听不懂	听懂		听不懂	听懂
别动！	○	○	吐出来。	○	○	坐下。	○	○
张嘴。	○	○	扔球。	○	○			

乙、当婴儿刚开始学习沟通的时候，他们经常用手势去表达他们的思想和愿望。选出以下哪些项目可以是您孩子平时所做的动作（"有时会"指孩子用过一次以上，"经常会"指需要用的时候大部分会用到）。

	还没有	有时会	经常会
1. 当有人离开时，做"再见"的手势。	○	○	○
2. 抱拳表示"谢谢！"	○	○	○
3. 指（包括手臂及手指一起伸展）向一些有趣的物件或事件。	○	○	○
4. 摇头表示"不好/不要/不想"。	○	○	○
5. 摊开双手表示"没有"。	○	○	○

丙、词汇量表

　　当您说出该词时，孩子虽然还不能说出来，但能正确地反应，请填第二项（听懂）。若孩子又能听懂又能够自己说出该字，请填第三项（能说）。假如您的孩子对该字的发音不准（如火车说成"火些"）或他的说法有所不同（例一，葡萄说成"萄"；例二，老鼠说成"耗子"），请填第三项（能说）。

	不懂	听懂	能说		不懂	听懂	能说		不懂	听懂	能说
喂	○	○	○	背	○	○	○	碗	○	○	○
旺旺（狗叫）	○	○	○	掉	○	○	○	被子	○	○	○
嘀嘀（汽车声）	○	○	○	牛奶	○	○	○	枕头	○	○	○
哎哟	○	○	○	水	○	○	○	纸	○	○	○
妈妈	○	○	○	蛋	○	○	○	球	○	○	○

续表

	不懂	听懂	能说		不懂	听懂	能说		不懂	听懂	能说
爸爸	○	○	○	鱼	○	○	○	小娃娃	○	○	○
奶奶	○	○	○	饭	○	○	○	帽子	○	○	○
爷爷	○	○	○	肉	○	○	○	衣服	○	○	○
宝宝	○	○	○	饼干	○	○	○	袜子	○	○	○
自己的名字	○	○	○	香蕉	○	○	○	鞋	○	○	○
阿姨	○	○	○	鼻子	○	○	○	电视	○	○	○
姑姑	○	○	○	嘴（口）	○	○	○	镜子	○	○	○
叔叔	○	○	○	屁股	○	○	○	床	○	○	○
姐姐	○	○	○	手	○	○	○	门	○	○	○
妹妹	○	○	○	脚	○	○	○	家	○	○	○
哥哥	○	○	○	猫	○	○	○	外面	○	○	○
弟弟	○	○	○	小白兔/兔子	○	○	○	花	○	○	○
孩子/小孩/小朋友	○	○	○	狗	○	○	○	树	○	○	○
要	○	○	○	马	○	○	○	天空	○	○	○
吃饭	○	○	○	鱼	○	○	○	车	○	○	○
你拍一，我拍一	○	○	○	鸟	○	○	○	飞机	○	○	○
真棒	○	○	○	小鸡	○	○	○	这边	○	○	○
抱	○	○	○	鸭子	○	○	○	那边	○	○	○
打	○	○	○	烫	○	○	○	上（面）	○	○	○
吃	○	○	○	臭	○	○	○	下（面）	○	○	○
喝	○	○	○	漂亮/美	○	○	○	一	○	○	○
走	○	○	○	脏	○	○	○	二	○	○	○
给	○	○	○	饱	○	○	○	多	○	○	○
拿（过来）	○	○	○	渴	○	○	○	在哪里/哪儿呢?	○	○	○
亲（一个）	○	○	○	好	○	○	○	谁	○	○	○
戴	○	○	○	生气	○	○	○	我	○	○	○
看/瞅	○	○	○	乖	○	○	○	这个	○	○	○
摸	○	○	○	灯	○	○	○	早上	○	○	○

续表

续表

	不懂	听懂	能说		不懂	听懂	能说		不懂	听懂	能说
来	○	○	○	钟/表	○	○	○	晚上	○	○	○
踢	○	○	○	瓶子	○	○	○				
飞	○	○	○	勺	○	○	○				

🔍 拓展阅读

什么因素会影响语言的发育

学龄前儿童中，约7%～10%的儿童语言发育迟缓；而3%～6%的儿童有言语感受或表达障碍，并影响日后的阅读和书写。儿童语言障碍是最常见的发育性障碍，一半以上的学龄前期语言障碍将持续至学龄期，并导致学习障碍和伴发心理与社会行为异常。

我们熟知的符号、文字、图片、音乐、语音、肢体动作与面部表情等形式都可以作为语言的载体，来传递和表达信息，那么有哪些因素会影响语言的发育呢？一是环境因素，语言的发育与环境所提供的信息刺激量的多少有关，接受外界信息刺激多的儿童，其语言发育就快于其他儿童。二是遗传因素，先天气质较害羞、内向、畏缩的儿童，语言能力会较差些；家长的口语表达能力好的，儿童的口语表达一般也好。三是教育因素，家长对儿童口语训练的重视程度、家长训练儿童口语的方法等都是儿童语言发育的重要影响因素。

总之，世界上绝没有天然语言，一个未听过别人说话的儿童是不可能说话的。

三、结果评定

仍以CDI词汇与手势短表为例，"甲"中对关联短语能做出简单反应，即"听懂"，计1分。"乙"中"有时会"计1分、"经常会"计2分。"丙"中"听懂"计1分，"听懂"且"能说"标记为"能说"，计1分。计算儿童能"理解"的词汇实际总得分和"能说"的词汇实际总得分。需要注意的是，能"理解"的词汇总得分等于"听懂"和"能说"两项得分的总和。可以在常模表上查出受测者与其同龄人相比所处的百分位数（见表2-6、表2-7）。以10%为界定值，低于10%则存在语言发育落后，需要进一步的检查和评估。

表2-6　CDI普通话版（短表）：词汇与手势"理解"词汇得分百分位表（n=280）

％百分位	儿童月龄						
	8	9	10	11	12	14	16
99	87	99	97	101	105	105	106
95	80	90	95	96	103	105	106
90	69	82	90	93	99	105	106
85	59	74	84	84	96	103	105
80	55	68	82	83	94	102	105
75	51	67	80	82	93	101	103
70	48	65	76	80	92	100	103
65	42	65	73	79	91	98	102

续表

％百分位	儿童月龄						
	8	9	10	11	12	14	16
60	38	62	70	76	91	96	101
55	35	59	67	75	88	95	100
50	30	57	66	73	86	89	97
45	28	54	64	69	84	83	96
40	25	48	63	66	82	80	95
35	22	46	61	64	79	78	94
30	20	42	59	63	77	76	93
25	18	35	58	62	76	73	87
20	17	33	56	59	74	71	86
15	8	31	53	56	69	68	84
10	6	20	44	52	60	60	79
5	4	9	22	41	45	57	77
平均值	37.1	55.2	68.1	72.7	84.1	87.2	96.3
标准差	24	22.7	17.8	15.2	14.6	15.9	9.2

表 2-7 CDI 普通话版（短表）：词汇与手势"能说"词汇得分百分位表（n＝280）

％百分位	儿童月龄						
	8	9	10	11	12	14	16
99	3	9	9	18	39	86	90
95	3	4	8	17	39	71	87
90	2	3	5	10	14	55	82
85	2	2	4	7	11	39	62
80	2	2	4	6	10	35	52
75	2	2	4	5	7	21	43
70	1	2	3	4	7	19	40
65	0	1	3	4	6	17	37
60	0	1	2	4	5	16	36
55	0	0	2	3	5	14	30
50	0	0	2	2	5	10	24
45	0	0	2	2	4	6	18
40	0	0	1	2	4	6	14
35	0	0	1	2	3	5	10
30	0	0	1	2	3	4	7

续表

％百分位	儿童月龄						
	8	9	10	11	12	14	16
25	0	0	0	2	3	3	6
20	0	0	0	2	2	2	4
15	0	0	0	1	2	2	3
10	0	0	0	0	2	2	2
5	0	0	0	0	1	1	1
平均值	0.7	1.3	2.5	4.6	8.6	20.7	32.4
标准差	1.1	2.2	2.5	5	10.8	24.4	29.2

四、注意事项

（1）此表采用家长报告的形式，只是筛查量表，不能用于诊断，对筛查出有问题的孩子需要告诉其家长带孩子做进一步检查。

（2）指导语一定要明确，减少父母或其他抚养人的紧张焦虑。

（3）由于方言或孩子发音不清，老鼠可能被说成"耗子"，孩子仍能正确表达的就可以给分。

（4）如果家长在某个选项上同时选择"听懂"和"能说"，则把该项作为"能说"处理。

实践运用

你所在的班里有个小男孩，今年 2 岁半了，话说得很少，经常是嘴里面哇哇啦啦地说个不停，但是大多数时候都是听不懂的内容，你能运用 CDI 对他进行语言能力的筛查吗？

聚焦点：

1. 了解这个孩子的家族史（如父母是否说话晚）、个人史、养育史、生长发育史，了解孩子是否早产，是否存在出生时高危因素，家庭里面的语言环境是双语的还是方言比较多的。

2. 理解婴幼儿语言发育的关键期、语言发育需要的条件。

3. 筛查结果可以告诉家长，对结果进行详细的解释，提醒家长对语言发育的重视，同时还要指导家长在育儿过程中对孩子进行早期语言的开发教育，建议家长与孩子多互动，多说话，多带孩子读书，多给孩子丰富的语言环境刺激，促进孩子语言发育的同时也促进孩子智能的发育。

学习效果检测

1. CDI 主要包含哪两个量表？

2. 在实际工作中，CDI 适合对哪些婴幼儿进行语言筛查？

3. 儿童语言的发育一般会受到哪些因素的影响?

4. 在你的日常工作中,发现有语言发育落后的婴幼儿,你会做哪些工作?

5. 筛查时发现婴幼儿的语言词汇量在同龄儿中处在 25% 的百分位,请结合表 2-6、表 2-7 对这个结果进行解释。

6. 家长向你咨询用什么方法可以促进孩子的语言发育时,你会建议家长怎么做?

文库资源

学习效果检测参考答案

学习模块三
常用的婴幼儿发育诊断类测评量表

如果你是托育机构的一位工作人员，你发现班里 2 岁半的男孩亮亮与其他小朋友不一样，他只能听懂非常简单的指令，如"过来、坐下、喝水"，不会说出图画书上东西的名称，不会说两三个字的短语，对简单的问题不能用"是"或"不是"来回答，走路经常跌倒、流涎，不会用勺子吃饭，不会示意大小便，经常尿裤子。作为一位老师，你了解正常婴幼儿的认知、语言、运动以及社交的发展吗？你对全面发育迟缓有所了解吗？这个孩子需要做什么样的测评呢？在本章中，希望你结合相关内容的学习来了解婴幼儿的适应性、大运动、精细运动、手眼协调、语言及个人—社交等方面的相关知识及测评，在以后的学习和工作中，遇到发育异常的婴幼儿，你能灵活应对。

学习导图

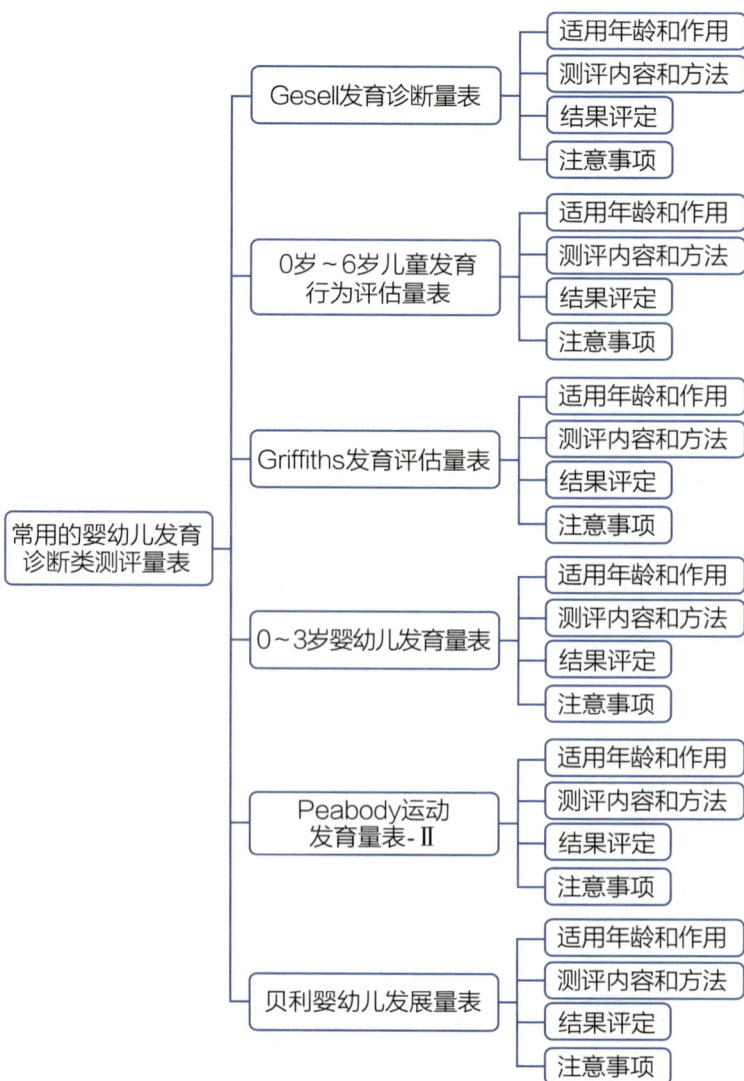

学习初体验

实践体验活动

观察你的周围有没有这样的婴幼儿，他/她在认知、语言、运动、社交、行为等某一个或几个方面的表现落后于同龄正常婴幼儿，看看他/她的主要表现是什么，家长是否关注到并采取了相关措施。请记录你的观察和思考。学习完本模块后，再来看一看最初的记录。

学习任务 1
Gesell 发育诊断量表

学习任务单

项目	内容
学习目标	学习完本任务后，你应该能够： ①了解 GDS 的作用和测评方法。 ②熟悉 GDS 5 个能区的内容。 ③掌握 GDS 的适用年龄及评分结果的解读。
学习要点	本任务的重点、难点： ①GDS 的临床作用。 ②操作 GDS 的注意事项。 ③项目得分标准的理解和判定。
学习建议	学习前： ①完成本任务下的学习初体验和本任务下的案例导入活动。 ②初步了解 GDS 的测评流程。 学习中： ①完成本任务中相关的互动活动。 ②应用布娃娃进行 GDS 操作，特别关注操作中的注意事项。 学习后： ①完成本任务后相关的学习效果检测。 ②对婴幼儿的 GDS 结果，能进行初步解读，能对家长进行合理化的指导和建议。
学习运用	你觉得在哪些工作场景中可以运用到本任务所学内容？（请填写）

续表

项目	内容
学习反思	请记录你在学习过程中的相关思考。(请填写)

✎ 学习笔记

📚 **案例导入**

如果你是托育机构的一位老师,你的班里新来了一个 2 岁 11 个月的男孩,他妈妈总觉得他比同龄孩子"反应慢",说话、做事、和小朋友一起玩的时候都很"慢",他不会双脚跳;喜欢翻绘本,每次都是几页几页地翻,很快就"看"完了绘本;会说最长的句子是"走,快走";喜欢和小朋友一起玩,多是跟着小朋友追逐打闹,玩一会儿就没兴趣了,这导致小朋友不喜欢找他玩……妈妈担心她的孩子不能很好地融入幼儿园的集体生活中,想对她的孩子进行"智力"测试。作为一名托育机构的老师,你觉得这个孩子的能力和他的实际年龄匹配吗?你会给这个妈妈推荐什么量表来测试孩子的"智商"?

本学习任务主要讲述婴幼儿常用的发育诊断类量表 GDS,希望通过学习本部分内容,你对 GDS 会有更加全面而深刻的了解。

一、适用年龄和作用

Gesell 发育诊断量表(GDS)由美国耶鲁大学的 A. 格塞尔(A. Gesell)及其同事制定,是婴幼儿发育诊断性量表,是许多同类测验的效标,最初发表于 1925 年。在中国,儿保所林川家教授带领北京智能发育协会于 1985 年完成了对 0～3 岁部分的国内标准化修订,1990～1992 年历时 2 年完成了对 3 岁半～6 岁部分的修订,从而形成了完整的中国版 GDS。

GDS 是评估诊断 0～6 岁婴幼儿发育水平的心理测量工具,也是用于评定 0～6 岁婴幼儿智力残疾的标准化方法之一。GDS 在临床中主要用于:评价中枢神经系统的功能、识别神经肌肉或感觉系统是否有缺陷、发现可治疗的发育异常以及对高危儿进行随访,及早发现发育异常。

二、测评内容和方法

(一)测评内容

GDS 的测评内容主要包括 5 个能区,分别为适应性行为、大运动、精细动作、语言和个人—社交行为能区。全量表测查项目共计 772 项,测查年龄范围从 4 周到 72 个月,12 个月内以每 4 周为一个阶段,以 4 周(仅能预测巨大的异常以及高危因素)、16 周、28 周(早期发现发育落后的恰当时期)、40 周、52 周作为枢纽年龄;12～36 个

💡 想一想
GDS 有哪些临床意义?

月内则以 3～6 月为一个阶段，以 18 个月、24 个月、36 个月为枢纽年龄。

测评时间需 40～120 分钟，时间长短与受测者的年龄、测评状态、发育水平均有关系，每名受测者均需测查完成 5 个能区。

（二）GDS 5 个能区解释（见表 3-1）

表 3-1　GDS 5 个能区解释

能区	解释
适应性行为	是最重要的能区，测试婴幼儿对物体（玩具）的组织、对相互关系的理解、知觉和解决问题的能力等。
大运动	测试婴幼儿的姿势反应，包括头的稳定，坐、站、爬、走等粗大运动能力。
精细动作	测试婴幼儿手和手指抓握、操控物体、手眼协调等能力。
语言	测试婴幼儿语言理解、模仿及表达思维等能力。
个人—社交行为	测试婴幼儿应人及自理等能力。

（三）GDS 中所用符号的代表意义（见表 3-2）

表 3-2　GDS 中所用符号的代表意义

+	表示：婴幼儿表演的行为模式能在一个或多个场合很好地完成
－	表示：在此项目上，婴幼儿不够成熟，对模式不能表现
±	表示：碰巧完成的模式或刚出现还不够完善的模式
++	表示：更为成熟的模式
N	表示：暂时模式完全被成熟模式取代
以下记录在"H"栏	
R	表示：拒绝，不包括因难度大婴幼儿拒绝
A	表示：异常，指表达模式的方式异常
D	表示：残疾，如听觉障碍导致语言能力低
X	表示：遗漏的
?	表示：记不清楚

三、结果评定

（一）计算方法

将婴幼儿在上述 5 个能区的表现与正常婴幼儿的发展顺序对照，可分别得到每一个领域的发育年龄（development age，DA），与实际年龄（current age，CA）进行计算可进一步得到每一领域的发育商数（development quotient，DQ）。

（二）计算公式

$$DQ = (DA/CA) \times 100$$

CA：实际年龄　　　　DA：发育年龄

（三）GDS 结果判读及评价标准（见表 3-3）

表 3-3　GDS 结果判读及评价标准

发育商（DQ）	评价标准
DQ＞85	正常
76≤DQ≤85	边缘状态
55≤DQ≤75	轻度发育迟缓
40≤DQ≤54	中度发育迟缓
25≤DQ≤39	重度发育迟缓
DQ＜25	极重度发育迟缓

四、注意事项

（一）测评人员

（1）测评人员需经过专门培训，掌握测评的具体方法。

（2）测评人员在测评过程中要态度和蔼，使用标准测评用具，严格按指导语操作，以免得出错误结果。

（3）测评人员必须遵守职业道德，要保密测评结果。

（4）一种测评方法经过信度、效度、标准化等复杂的步骤才建立，因此测评人员要注意对测评内容的保护，不能将测评方法和评分标准公开宣传和介绍，防止知情者预先练习而失去测评的意义，更不能将测评内容作为教学或训练的内容，使测评方法失去实用价值。

延伸阅读

如果你想了解更多关于 GDS 的信度和效度以及临床评估运用的内容，可以关注下面延伸阅读的相关文献。

姜丽娜、李明等：《Gesell 问卷用于评价小儿神经发育的信度及效度分析》，载《临床和实验医学杂志》，2015（13），1133-1135 页。

李玲等：《运动障碍儿童 Gesell 发育量表评估情况分析》，载《中国康复理论与实践》，2012（11），1060-1061 页。

（二）测评相关

（1）测评前要注意受测者的体位及要求，测评前和受测者进行充分的沟通，让受测者能够配合，保证接下来的测评顺利进行。

（2）测评前要首先确定测评能区，保证出示用具的正确性，在一项测评结束时要确保测评用具及时收回。

（3）数日或数周内不宜重复同一测验，以免受测者人为地"学习"。

（4）有听觉障碍、肢体运动障碍或语言不通的受测者，在测评过程中容易出现假象，需与真象区别，否则不能反映受测者真实的智力水平。

（三）报告出具与解读

（1）做好项目通过、暂时模式与成熟模式的标记，便于报告的出具以及对家长更好地解读报告结果。

（2）正确看待智力测验，不能只把智力测验的使用看成是简单地问几个问题，做几个游戏，得到一个智力商数，从而给婴幼儿贴上一个聪明或不聪明的标签。

（3）无论是 IQ 或 DQ 都不能提供最后诊断，测评结果需要专业人员加以解释。

（4）不要过分重视总智商，不要把测验分数与遗传潜能等同起来。

实践运用

在日常工作中，如果有个 2 岁的孩子因语言发育落后、大运动协调能力差来进行发育水平的评估，你会怎样和他工作？

聚焦点：

1. 熟悉婴幼儿发育里程碑。

2. 了解这个孩子所处的年龄阶段，确定适合的测评量表。

3. 需要跟家长充分沟通，让其了解发育水平测评量表结果代表的意义。

学习效果检测

1. 什么是 GDS？

2. GDS 的测查年龄范围是什么？总共多少个测查项目？有几个关键年龄和能区？

3. 如何看待智力测验？

4. 如何界定 GDS 的评分标准？如何客观合理地解释 GDS 的测评结果？

5. 实践运用：小明今天被妈妈带去体检，在给小明做 GDS 测评时已经快到中午了，小明有些困了，对于测评老师的指令没仔细听，就想快点结束测评让妈妈带着回家睡觉，最后小明 GDS 的 DQ 是 58。测评老师担心地对小明妈妈说："小明是个发育迟缓的孩子。"案例中测评老师的做法是否可取？如果你是测评老师，你会怎么对小明做测评，以及怎么对妈妈解释小明的 DQ？

6. 实践运用：今天要给小红做 GDS 测评，她的实际年龄是 30.57 月，测评顺利完成后，小红的结果如下：

测试能区	发育商（DQ）	评价
适应性行为	50	
大运动	64	
精细动作	57	
语言	23	
个人—社交行为	51	

请把各能区的评价填写完整。

文本资源

学习效果检测参考答案

学习任务 2
0 岁～6 岁儿童发育行为评估量表

学习任务单

项目	内容
学习目标	学习完本任务后，你应该能够： ①了解儿心量表-Ⅱ的作用和测评方法。 ②熟悉儿心量表-Ⅱ的内容。 ③掌握儿心量表-Ⅱ的适用年龄及评分结果的解读。
学习要点	本任务的重点、难点： ①儿心量表-Ⅱ的临床作用和内容。 ②操作儿心量表-Ⅱ的注意事项。 ③项目得分标准的理解和判定。
学习建议	学习前： ①完成本任务下的案例导入活动。 ②初步了解儿心量表-Ⅱ的操作流程。 学习中： ①完成本任务中相关的互动活动。 ②应用布娃娃进行儿心量表-Ⅱ的操作，关注注意事项。 学习后： ①完成本任务后相关的学习效果检测。 ②对婴幼儿儿心量表-Ⅱ的结果能进行初步解读，对家长能进行合理的指导和建议。
学习运用	你觉得在哪些工作场景中可以运用到本任务所学内容？（请填写）
学习反思	请记录你在学习过程中的相关思考。（请填写）

📚 **案例导入**

大明和小明是兄弟俩，大明 2 岁 11 个月，小明 1 岁 2 个月。小明在出生时有轻微窒息，出生后在监护室住院 10 天后痊愈出院。小明目前不会挥手表示"再见"，不会扶物站立，他们的妈妈特别担心小明，害怕窒息给小明的智力和运动能力带来影响。今天妈妈带兄弟俩来体检，除了要给大明正常体检之外，重点想看看小明有没有什么严重的问题，会不会影响他将来上学。那么，你会给大明和小明推荐什么样的心理与行为测评量表来评估他们的"智商"和发育情况呢？

本学习任务主要介绍婴幼儿常用的发育诊断类测评量表——儿心量表-Ⅱ，希望能帮助你对它有一个全面的学习。

一、适用年龄和作用

0 岁～6 岁儿童发育行为评估量表（儿心量表-Ⅱ）由首都儿科研究所、北京妇幼保健院和中国科学院心理研究所起草，2017 年 10 月 12 日由中华人民共和国国家卫生健康委员会发布，2018 年 4 月 1 日实施，为中华人民共和国卫生行业标准（WS/T 580—2017）。

该标准规定了 0 岁～6 岁（未满 7 周岁）儿童发育行为评估量表的评估内容、测查方法、发育商参考范围以及量表的使用。该标准适用于 0 岁～6 岁（未满 7 周岁）儿童发育行为水平的评估，是评估儿童发育行为水平的诊断量表。该量表能从多个维度（能区）评价儿童的心理行为发育，帮助我们了解儿童发育的程序性和时间性，可以计算出差别月龄阶段儿童的发育商，更精确地判别儿童的发育情况；同时将儿童的能力数据化，使我们能更加直观地了解每个儿童的生长水平、存在的优势与不足。

💡 **想一想**
　　儿心量表-Ⅱ 由哪些内容构成？

🕘 **延伸阅读**

如果你想了解更多关于儿心量表-Ⅱ 的临床应用，可以关注下面延伸阅读的文献。

杜晓娟、经帅：《基于〈0～6 岁小儿神经心理发育测评量表〉实施康复训练对运动迟缓患儿的影响》，载《中华养生保健》，2022（40），18-19 页。

二、测评内容和方法

（一）测评内容

儿心量表-Ⅱ 包括适应能力、大运动、精细动作、语言和社会行为 5 个能区，共有 28 个年龄组，每个月龄组 8～10 个测查项目，共计 261 个测查项目。

测评时间需 30 分钟左右，时间长短与受测者的年龄、测评时的状态、发育水平均有关系，每名受测者均需测查完成 5 个能区。

（二）儿心量表-Ⅱ5个能区释义（见表3-4）

表3-4　儿心量表-Ⅱ5个能区的释义

能区	解释
适应能力	最重要的能区，反映婴幼儿对其周围自然环境和社会需要做出反应和适应的能力
大运动	反映婴幼儿身体的姿势、头的平衡，以及坐、爬、立、走、跑、跳的能力
精细动作	反映婴幼儿使用手指的能力
语言	反映婴幼儿理解和表达语言的能力
社会行为	反映婴幼儿与周围人们交往的能力和生活自理能力

（三）儿心量表-Ⅱ的年龄分组（见表3-5）

表3-5　儿心量表-Ⅱ的年龄分组

年龄	分组情况	共计年龄组（个）
1岁以内	每1个月为1个年龄组	12
1～3岁	每3个月为1个年龄组	8
3～7岁	每6个月为1个年龄组	8
量表年龄分组共计		28

（四）儿心量表-Ⅱ的测评用具（见表3-6）

注意：儿心量表-Ⅱ中用到的测评用具都经过了严格挑选，部分用具甚至是特制的，如镜子，如果是在市面上随便买的，则会导致受测者注意力分散；花铃棒的长度、重量都是经过精心设置的。所以在进行儿心量表-Ⅱ测评前，除施测者需要专门培训外，测评所需的用具也需要是正规的，否则会引起测评结果的偏差。

表3-6　儿心量表-Ⅱ的测评用具（部分）

名称	数量	名称	数量	名称	数量
镜子	1	形状板	3	透明药瓶带药片	1
方巾	1	拼正方形	2	圆盒带1角硬币	1
帽子	1	拼长方形	2	塑料瓶带花生米	1
娃娃	1	拼椭圆形	6	水晶线带扣	5
红色方木	10	拼圆形型板	4	绳带筷子	1
铜铃	1	比大小小圆形	1	躲猫猫纸	1
花铃棒	1	比大小大圆形	1	粉笔	1
红球	1	圆扣	1	剪圆形纸	1
黑白靶	1	方扣	1	剪刀	1

辅助测评用具：施测者使用与测评量表配套的标准化测查工具箱，以及诊查床、围栏床、小桌、小椅、楼梯等测评用具。

（五）测评方法

（1）计算实际月龄：根据受测者的测查日期和出生日期计算出受测者是几岁几月零几日，再把岁和日换算为月，以月龄为单位，月龄保留一位小数。

日换算成月为：30天＝1个月，岁换算成月为：1岁＝12个月。

（2）标记主测月龄：与实际月龄最接近的月龄段为主测月龄，在主测月龄前用▲标记；主测月龄在量表两个月龄段之间的，视较小月龄为主测月龄。早产儿也按照实际月龄进行标记，无须矫正月龄。

（3）主测月龄为启动月龄，先测查主测月龄的项目；无论主测月龄的某一能区的项目是否通过，需分别向前和向后再测查2个月龄，共5个月龄的项目。

（4）向前测查该能区连续2个月龄的项目均通过，则该能区的向前测查结束；若该能区向前连续2个月龄的项目有任何一项未通过，需继续往前测查，直到该能区向前的连续2个月龄的项目均通过为止。

（5）然后从主测月龄向后测连续2个月龄的项目，若向后测查的该能区的连续2个月龄的项目均不能通过，则该能区的向后测查结束；若该能区向后连续2个月龄的项目有任何一项通过，需继续往后测查，直到该能区向后的连续两个月龄的项目均不通过为止。

（6）所有能区均应按照本节（3）～（5）的要求进行测查。

（六）记录方式

测查通过的项目用"〇"表示，不通过的项目用"×"表示。

三、结果评定

（一）各能区计分

1. 1～12月龄

每个能区1.0分，若只有一个测查项目，则该测查项目为1.0分；若有两个测查项目则各为0.5分。

2. 12～36月龄

每个能区3.0分，若只有一个测查项目，则该测查项目为3.0分；若有两个测查项目则各为1.5分。

3. 36～84月龄

每个能区6.0分，若只有一个测查项目，则该测查项目为6.0分；若有两个测查项目则各为3.0分。

（二）计算智龄

智龄，也叫智力年龄（mental age，MA）、心理年龄，是反映婴幼儿智力水平高低的指标。

注：在编制的量表中，按年龄分组编制测查项目，若受测者通过3岁的测查项目，就表示他使用该量表测查的MA为3岁。

💡 想一想

使用儿心量表-Ⅱ进行测评时，如何确定受测者的主测月龄。

🔖 学习笔记

（1）把连续通过的测查项目读至最高分（连续两个月龄通过则不再往前继续测，默认前面全部通过），不通过的项目不计算，通过的项目（含默认通过的项目）分数逐项加上，为该能区的智龄。

（2）将5个能区所得分数相加，再除以5就是总MA，保留一位小数。

（三）计算发育商

发育商（development quotient，DQ）是用来衡量婴幼儿心智发展水平的核心指标之一，是在大运动、精细动作、认知、情绪和社会性发展等方面对婴幼儿发育情况进行衡量。

$$DQ＝MA/CA×100$$

CA：实际年龄　　　DA：发育年龄

（四）结果判读及评价参考（见表3-7）

表3-7　儿心量表-Ⅱ结果判读及评价参考

发育商（DQ）	评价标准
≥130	优秀
110～129	良好
80～109	中等
70～79	临界偏低
<70	智力发育障碍

四、注意事项

（一）测评要求的注意事项

（1）测评环境应安静，光线应明亮，4岁以下婴幼儿允许一位家长陪同，4岁及以上的婴幼儿如伴有发育落后、沟通不力或者测评不配合的情况也可有家长陪同。

（2）施测者应严格按照操作方法和测评通过要求进行操作，避免受测婴幼儿家长的暗示、启发、诱导。

（3）施测者应熟记操作方法和测评通过要求。

（4）施测者的位置应正确，桌面应整洁，测评工具箱内的用具不应让受测者看到，用一件取一件，用完后放回。

（5）施测者经过专业培训获得相关资质后才能施测。

（二）结果解释的注意事项

（1）应由受过专业培训的施测者结合婴幼儿的综合情况，对婴幼儿发育行为水平予以解释和判断。

（2）施测者应恰当地向家长解释婴幼儿发育行为水平，对于发育落后的婴幼儿尤其要慎重。

实践运用

在日常工作中，如果有家长想对自己10个月的孩子，尤其像早产、有窒息病史等的高危儿进行详细的、更为精准的发育水平的测评，你会怎样建议他？

聚焦点：

1. 了解儿心量表-Ⅱ的适用范围。

2. 熟悉婴幼儿每个月的发展能力水平。

3. 需要跟家长充分沟通，让其了解发育水平测评量表结果代表的意义。

学习效果检测

1. 什么是儿心量表-Ⅱ?

2. 儿心量表-Ⅱ主要的临床意义是什么?

3. 儿心量表-Ⅱ的测查年龄范围是什么? 总共包含哪些部分?

4. 儿心量表-Ⅱ评分标准如何界定? 如何客观合理地解释评分结果?

5. 实践运用:小明妈妈是个老师,她听说儿心量表-Ⅱ可以由家长自己来做,于是她自己在网上购买了测评所需用具,准备给 11 个月的小明进行家庭测评。小明妈妈将客厅的茶几清理干净,铺上了小明最喜欢的卡通人物的桌布,为避免漏掉测查项目,小明妈妈会提前把后边至少 2 个项目所用的用具摆在桌上。如果您是测评老师,要对小明妈妈做出指导,您觉得小明妈妈的做法有哪些不妥之处?

6. 实践运用:今天是 2022 年 4 月 22 日,小虎的出生日期是 2020 年 2 月 23 日,因发现语言发育落后要求进行测评。我们用儿心量表-Ⅱ给他做了测评,结果如下:智龄 18.8 月,发育商 72。如果您是托育机构的一位老师,您认为小虎的测评结果有异常吗? 该如何与其家长沟通?

测查能区	大运动	精细动作	适应能力	语言	社会行为	警示行为 *
分量表智龄（月）	21.0	18.0	24.0	13.0	18.0	18.8
分量表发育商	81	69	92	50	69	0

* 分值低于 7 分视为正常；7~11 分视为需要随访；12~30 分视为存在交流互动障碍风险；大于 30 分高度疑似孤独症。

学习任务 3
Griffiths 发育评估量表

学习任务单

项目	内容
学习目标	学习完本任务后，你应该能够： ①了解 GDS-C 的作用、测评方法和注意事项。 ②熟悉 GDS-C 的测评内容。 ③掌握 GDS-C 的适用年龄及结果解读。
学习要点	本任务的重点、难点： ①GDS-C 的适用年龄和作用。 ②GDS-C 的测评内容及结果解读。
学习建议	学习前： ①完成本任务下的案例导入活动。 ②了解发育正常的婴幼儿在不同年龄阶段的运动、个人—社会、听力和语言、手眼协调、表现及实际推理领域的表现。 学习中： ①完成本任务中相关的互动活动。 ②查阅并摘抄关于 GDS-C 的相关知识，并记录下自己的认识。 学习后： ①完成本任务后相关的学习效果检测。 ②对婴幼儿的 GDS-C 结果能进行初步解读，对家长能进行合理化的指导和建议。
学习运用	你觉得在哪些工作场景中可以运用到本任务所学内容？（请填写）
学习反思	请记录你在学习过程中的相关思考。（请填写）

📚 案例导入

2 岁半的墩墩来托育机构一周了，机构的工作人员发现墩墩与正常同龄孩子相比有些不一样，墩墩语言理解能力差，反应迟钝，不听指令，语言表达少，仅会叫"爸爸、妈妈"，会说"抱抱、走"，不会命名物品的名称，不会用拇食指对捏小物品，走路协调能力差，不会扶栏杆上楼梯/台阶，不会用勺吃饭，尿裤子，细心的老师还发现墩墩头发比较黄，尿液有特殊的异味。老师建议家长带孩子到医院就诊，医生经过详细的问诊、查体及行为观察，并经过相关检查、检验，以及心理与行为测评，诊断墩墩为苯丙酮尿症和全面发育迟缓。孩子经过大约 1 年多的饮食、药物治疗和系统的康复教育训练，认知理解及语言表达能力较前明显改善，会自己上下楼梯，会用勺子吃饭，会自己大小便，经过评估，墩墩可以上幼儿园了。但是医生说墩墩仍需要饮食和药物治疗，监测病情变化。

如果你是托育机构的一位老师，碰到此类问题会怎么处理？怀疑孩子在语言、运动、手眼协调及生活能力方面有异常，需要建议孩子做什么测评？本学习任务将围绕 GDS-C 的相关知识展开，希望能够对你有益。

一、适用年龄和作用

（一）适用年龄

Griffiths 发育评估量表（GDS-C）基于 2006 年 Griffiths 发育评估量表第二版英文版于 2009 年至 2013 年在中国北京、上海、天津、郑州、西安、昆明、香港 7 个城市完成了中国常模的研究修订，是适用于 0～8 岁中国儿童的神经发育评估量表，是目前国际上先进的儿童发育评估诊断工具之一。

（二）作用

1. 测查内容丰富

GDS-C 涵盖了儿童的运动、个人—社会、听力和语言、手眼协调、表现、实际推理 6 个领域，这有利于让更多有疑似发育障碍的儿童通过全面的标准化评估，早期被发现问题，早期接受干预治疗，并方便医生根据儿童年龄特点和发育水平为其早期干预提供有针对性的个体化指导和建议。

2. 临床应用广泛

对全面发育落后、语言发育落后、孤独症、注意缺陷/多动障碍等儿童，GDS-C 为医生的诊断提供了线索及依据，并使医生能根据测评结果为受测儿童准确地制定针对性的康复治疗方案，阶段性地评估康复治疗效果。对癫痫患儿，使用该量表实时测评可以监测患儿认知功能的改变。对高度怀疑孤独症的患儿，测评结果有很强的指向性，该类患儿的测评结果在社交和语言领域明显低于正常水平，为医生进一步的诊断治疗提供了依据。GDS-C 可供广大儿科医生、发育行为学专家、儿科康复医师和治疗师以及教育学家等专业技术人员使用，并据此为儿童提供相应的医疗介入手段和干预救助措施。

3. 适用于一般健康儿童

对一般健康儿童应用 GDS-C，可以获得 0～8 岁儿童的发育水平及特征，不同领域发育强项、弱项和总体水平的信息，这为促进儿童的发展提供科学依据。

4. 为临床研究提供资料

GDS-C 为临床研究提供有效的资料，该量表的高效度、信度及国际认可度，大幅提高入组样本标准制定和实验结果评定的科学性，可与国际相关研究直接对比交流，在应用方面可与国际直接接轨。

二、测评内容和方法

（一）测评内容

GDS-C包括6个领域：运动、个人—社会、听力和语言、手眼协调、表现及实际推理。对2岁以内的儿童，测查其前5个领域（即不包括推理领域）的发育情况；对2~8岁的儿童，分别从6个领域进行精准全面的测评。各领域内容如下：

（1）运动：该领域测查儿童的运动技能，包括平衡能力和协调控制动作的能力，具体项目包括与儿童年龄相对应的运动，如上下楼梯、踢球、骑自行车、小跑和跳跃等。

（2）个人—社会：该领域测查儿童日常生活的熟练性、独立程度和与其他儿童的交往能力，具体项目包括与儿童年龄相对应的活动，如穿脱衣服、使用餐具、运用知识信息的能力，如是否知道生日或住址等。

（3）听力和语言：该领域测查儿童接受和表达语言的能力，具体项目包括与儿童年龄相对应的活动，如说出物体的颜色和名称、重复话语以及描述一幅图画并回答一系列关于内容的相同点/不同点的问题等。

（4）手眼协调：该领域测查儿童精细运动的技巧、手部灵巧性和视觉追踪能力，具体项目包括与儿童年龄相对应的活动，如串珠子、用剪刀剪、复制图形、写字母和数字等。

（5）表现：该领域测查儿童视觉空间能力，包括工作的速度及准确性，具体项目有与儿童年龄相对应的活动，如搭建桥或楼梯、完成拼图和模型制作等。

（6）实际推理：该领域测查儿童实际解决问题的能力、对数学基本概念的理解及有关道德和顺序问题的理解，具体项目包括与儿童年龄相对应的活动，如数数、比较大小、形状、高矮。这个领域也测查儿童对日期的理解，视觉排序能力及对正误的认识与理解。

🔍 拓展阅读

什么是手眼协调？

手眼协调是指人在视觉配合下手的精细动作具有协调性。婴幼儿手眼动作的协调，是随着神经系统的发育成熟而逐渐发展起来的。手眼协调能力的发展对促进婴幼儿的运动能力、智力和行为起着非常重要的作用。手眼协调动作出现的主要标志是伸手能够抓住东西，它是婴幼儿用手有目的地认识世界和摆弄物体的萌芽。婴幼儿4、5个月以后，手眼协调的动作发生。比如，5个月的婴幼儿伸手够玩具时往往还抓不准；8个月时不仅能准确地抓握，而且还会两手传递等。那么，您对婴幼儿手眼协调能力的发展了解多少呢？

婴幼儿手眼协调能力的发展

4月龄：试图抓物，手能握持玩具。

6月龄：会撕揉纸张，开始把东西从一只手传递到另一只手。

9月龄：流畅地两手传递玩具，积木对敲，能用拇食指捏起细小物品。

12月龄：会搭1~2块积木，把东西放进容器，全手掌握笔划道道。

18月龄：自发乱涂乱画，能搭2~3块积木，模仿划道道。

24月龄：能搭4~6块积木，一页一页翻书，模仿折纸。

30月龄：能搭8块积木，模仿搭桥，来回倒水不洒。

36月龄：模仿画圆，能搭9块积木，会折纸、会扣扣子、拧螺丝。

（二）测评方法

使用GDS-C进行测评，需由经过培训的专业人员严格按照操作指南对2岁以内儿童分别从前5个领域，2~8岁儿童分别从6个领域进行精准全面的测评，通过儿童的表现获得该受测儿童每一个领域的总裸分，然后对照GDS-C常模表，通过总裸分查出该受测儿童每一个领域的百分位值及Z值。

三、结果评定

(1)百分位值：50％是平均水平，＜16％是发育迟缓。

(2)Z值：Z值≥-1，发育指标正常；-2≤Z值＜-1，轻度发育迟缓；Z值＜-2，重度发育迟缓。

四、注意事项

（1）测评人员需经过培训合格并取得测评资质。

（2）测评过程中严格按操作指南进行。

（3）对于特殊患者在测评结果中需要做出特定的描述，以便提供更精准的信息，如听障儿童、一侧肢体活动受限患者、注意缺陷患者等。

（4）合理解释测评结果，注意保护患者隐私。

◉ 实践运用

　　如果你是托育机构的一名老师，发现班里2岁的盼盼不会按指令指人或物，仅会叫"妈妈"，不会用拇食指对捏细小的东西，只会搭2块积木，不会用勺吃饭，会走但不会跑。根据你观察到的表现，这个孩子需要测评吗？如果需要，你会给家长怎样的建议呢？

　　聚焦点：

　　1. 了解不同年龄阶段婴幼儿运动、个人—社会、听力和语言、手眼协调等的发育特点。

　　2. 需要跟家长充分沟通，收集孩子的个人史、生长发育史等，让家长了解到孩子当前的发育情况存在异常，建议家长带孩子到医院接受评估诊断。

学习效果检测

　　1. GDS-C的适用年龄是多大？

　　2. GDS-C的作用有哪些？

　　3. 使用GDS-C测评2岁以内的儿童需要测评哪些领域？2～8岁儿童需要测评哪些领域？

　　4. 测评结果百分位值是50％的含义是什么？测评结果百分位值＜16％代表什么？

文末资源

学习效果检测参考答案

　　5. 实践运用：浩浩，1岁10个月，1岁后没有体检过，目前在一所早教中心。一天，妈妈带浩浩来医院儿保科体检，医生使用GDS-C对浩浩进行了测评，结果如下：

测评领域	裸值（原始分）	发育相当月龄	百分位	发育商
运动	22.1	22	45％	98
个人与社会	26	23	55％	102
听力—语言	23.4	24	65％	107
手眼协调	22.1	23.5	60％	104
表现	20.2	21	35％	93

　　你认为测评结果有显示出异常吗？你会给家长什么样的建议？

　　6. 实践运用：托育机构的老师发现2岁的嫚嫚语言发育落后于班里其他孩子，建议她的妈妈带她去医院。医生使用GDS-C对嫚嫚进行了测评，测评结果如下：运动、个人—社会、听力和语言、手眼协调及表现的百分位值分别是55％、60％、14％、45％、50％。如果你是这名医生，你认为嫚嫚的测评结果有显示出异常吗？你会给她的妈妈怎样的建议？

学习任务 4
0～3 岁婴幼儿发育量表

学习任务单

项目	内容
学习目标	学习完本任务后，你应该能够： ①了解 CDCC 的作用、测评方法和注意事项。 ②熟悉 CDCC 的测评内容。 ③掌握 CDCC 的适用年龄及评分标准。
学习要点	本任务的重点、难点： ①CDCC 的适用年龄和作用。 ②CDCC 的内容结构、评分标准及测评结果的分析。
学习建议	学习前： ①完成本任务下的案例导入活动。 ②了解发育正常的婴幼儿不同年龄阶段的智力和运动发育情况。 学习中： ①完成本任务中相关的互动活动。 ②查阅并摘抄有关 CDCC 的知识，并记录下自己的认识。 学习后： ①完成本任务后相关的学习效果检测。 ②对婴幼儿的 CDCC 结果能进行初步解读，能对家长进行合理化的指导和建议。
学习运用	你觉得在哪些工作场景中可以运用到本任务所学内容？（请填写）
学习反思	请记录你在学习过程中的相关思考。（请填写）

案例导入

2 岁的融融来托育机构 3 天了，老师发现融融的个子比同龄儿偏矮，表情呆滞，比较安静，语言表达少，仅会叫"爸爸、妈妈"，不会扶栏杆上下楼梯。于是，机构老师建议家长带孩子到医院找医生看看，医生经过详细的问诊、查体，以及相关的检查、检验、发育评估，发现融融的甲状腺发育不全，语言发育及运动发育均明显落后，诊断为先天性甲状腺功能减退症，建议终身口服药物，不能中断，并尽早进行教育干预，定期复诊。孩子经过 1 年多的药物治疗及康复训练，经过评估，其语言及运动能力较前明显改善，基本可以上幼儿园了，但是还要持续关注孩子的发育情况，定期检查及评估，监测病情变化。

如果你是早教中心的一名老师，会发现此类问题吗？你会怎么处理，会选择什么样的评估方法？本部分将围绕 CDCC 的相关知识展开，希望能够帮助到你。

一、适用年龄和作用

（一）适用年龄

CDCC 为中国儿童发展中心英文名称"Child Development Center of China"的缩写，这个量表起名时把编制单位的英文缩写名字加进去了。该量表是主要根据 Bayley 量表并结合我国婴幼儿的实际情况编制而成的婴幼儿发育诊断量表。从 1984 年开始，中国科学院心理研究所范存仁等与中国儿童发展中心合作，并得到联合国儿童基金会的资助，着手 0～3 岁婴幼儿发育量表的编制工作。从 1985 年开始，他们先以北京、上海、西安、桂林四个城市为试点，对测试项目进行了预实验。1986 年，他们在 20 个单位的协作下，在全国 6 大行政区的 12 个大、中、小城市开展全国范围的标准化工作，将生后 2 个月～3 岁阶段分为 16 个年龄组，每个年龄组取样 100 人，共计取样 1600 人。1987 年，他们对样本进行了统计学处理及分析，建立了国内城市常模，完成了该量表的标准化工作。1988 年，他们成功研制出 0～3 岁婴幼儿发育量表（CDCC），适用于 2 月龄～3 岁婴幼儿。

（二）作用

（1）CDCC 是评价 0～3 岁婴幼儿智能发育的诊断性量表。研究者可以通过 CDCC 来评价和分析婴幼儿的早期发展，对婴幼儿进行诊断、治疗，也可以把 CDCC 结果作为教育时的依据，把 CDCC 作为研究影响婴幼儿发育因素的诊断工具。

（2）通过 CDCC，研究者可以得出婴幼儿的发育指数。通过发育指数，研究者可以了解婴幼儿发育偏离的程度，可以把智力或运动发展迟滞的婴幼儿识别出来，为其提供诊断和早期干预。

二、测评内容和方法

（一）测评内容

CDCC 为个别测验，测评平均时长约为 30 分钟。施测者必须经过培训，熟练掌握该量表所用的材料和测评程序。量表内容分为两个部分，分别为智力量表和运动量表，

学习笔记

想一想

CDCC 有哪些临床意义？

这两部分相互补充，每一部分对临床评价都有独特贡献。智力量表测评的内容包括：婴幼儿感知觉、注意、记忆和认识能力的发展规律，语言发展的规律及语言交流能力，这部分共有 121 个项目。运动量表测评的内容包括：对身体的控制能力，全身运动的发展及大肌肉的协调能力，手及手指操作技巧的发展，手精细动作的发展规律等，这部分共有 61 个项目。

两个分量表的项目编排顺序是一样的，即按照年龄定位（50％受测者取得成功的估计年龄）从小到大排列。该量表在测评中有两点需要特别注意：一是确定每名受测者的测评范围（基线和顶线），基线是指（根据受测者年龄定位）最早未获得通过的项目的前一个项目，顶线是指受测者取得成功项目中最难的一个项目。一般可以用比受测者实际年龄早一个月的年龄定位项目开始测评。在确定基线和顶线时，也可以采用以下原则：在用智力量表测评时应测得连续 7 个通过或失败的项目，运动量表要测得 4 个连续这样的项目。二是测评项目的情景编码，即把具有相同的刺激物但表现不同难度的测评项目归为同一情景编码组。智力量表按照情景编码共分为 26 个组，运动量表共分为 15 个组。同一情景编码组内的项目可以在同一个呈现过程中观察和评分。比如，智力量表中的蓝板项目（情景编码 O：项目号 62、72、80、91、103、110、111），可以从一次呈现的蓝板中，通过观察同时对 7 个项目进行评分。这样可以使测评更加有序，同时节省测评时间。

🔍 拓展阅读

O 蓝板

- 62.（13.6）蓝板：放入 1 块圆板

方法：蓝板项目应先于红板项目（但不要紧接在前面呈现）

评价：正确地放入 1 块圆板，为通过

- 72.（17.0）蓝板：放入 2 块圆板
- 80.（19.3）蓝板：放入 2 块圆板和 2 块方板
- 91.（22.4）蓝板：放入 6 块板
- 103.（26.3）蓝板：在 150 秒内完成
- 110.（30）蓝板：在 90 秒内完成
- 111.（30）蓝板：在 60 秒内完成

注：62，72，80，91，103，110 及 111 为项目号；项目号后面括号内的数字（13.6，17.0，19.3，22.4，26.3，30，30）为年龄（月）定位。

（二）测评方法

1. 测评所需材料

记录表、铅笔、带有 6 个插棍的插板、红积木 12 块、玩具椅、蓝盒（有 2 个盖子）、软纸、玩具杯、蓝板、红蜡笔 / 粉笔 2 支、盘子、关节活动的洋娃娃、带线红环、不完整的钟的卡片、图画书、小勺 2 个等。

2. 测评过程

使用 CDCC 进行测评，需由经过培训的专业人员严格参照操作指南对 2 月龄～3 岁婴幼儿分别用智力量表和运动量表进行精准全面的测评，通过婴幼儿的表现记录每一项目的得分，分别计算出智力量表和运动量表的原始分数，从原始分数中推导出智力发育指数和运动发育指数。部分 CDCC 智力量表条目见表 3-8。

表 3-8　CDCC 智力量表（部分）

项目号	年龄定位	情景	项 目 名 称	计分			
				P	F	其他	备注
1	0.1	A	对拨浪鼓声有反应				
2	0.7	B	红环：跟至中线				
3	1.0	B	红环：跟过中线				
4	1.3	B	红环：跟过180°				
5	2.0	C	能认出熟悉的人				
6	2.1	C	对施测者微笑或说话有反应				
7	2.2	A	用眼睛寻找声源				铃声、拨浪鼓
8	2.3	D	发出不同的音				
9	2.4	B	垂直方向眼协调				
10	2.4	C	对人脸消失做出反应				

3. 记录反应

P：通过（只有通过的项目才能计分）

F：失败

O：未测

R：婴幼儿不合作、拒绝展示

RPT：亲属代为报告

三、结果评定

（一）评分标准及结果分析

1. 计算婴幼儿实际年龄

实际年龄＝出生日期－测评日期（每月按 30 日算）

2. 每通过一个项目计 1 分

测评完成后，分别得出智力量表和运动量表的原始分数（原始分数＝基线以下的所有项目＋标记为"P"的项目）。从原始分数中推导的智力发育指数和运动发育指数是分别通过智力量表和运动量表的运用得来的。二者都是一种指数或正常标准分，与"IQ"具有同样的数值特点。MDI（mental developmental index）代表从智力量表得来的智力发育指数，PDI（psycho-motor developmental index）代表从运动量表得来的心理运动发育指数。

3. 发育指数等级分布符合常态曲线形式（见表 3-9）

分数介于 90～109 表明该受测婴幼儿处于平均发育水平，以 MDI 为例，90～109 意味着处于平均智力发育水平，高于 109 意味着高于平均智力发育水平，低于 90 意味着低于平均智力发育水平。

表 3-9　智力及运动发育指数的等级分布

分数	智力量表	运动量表
130 以上	2.1	3.4
120～129	6.8	6.6
110～119	16.1	15.9
90～109	51.9	47.6
80～89	14.4	16.5
70～79	5.2	7.1
69 以下	3.5	2.9

拓展阅读

0～6 岁儿童发展的里程碑

发展里程碑是孩子在特定时间范围内获得的技能。例如，学会走路就是一个发展里程碑。大多数孩子在 9～15 个月之间习得技能或发展里程碑。里程碑通常以顺序方式发展，这意味着孩子在掌握新技能之前需要培养其他一些技能。例如，孩子必须先学会爬行或站立，才能学习走路。孩子获得的每个里程碑都建立在他所习得的上一个里程碑的基础上。

生长发育正常是健康的重要标志，这种"发育"是有一定规律的，既是连续的，又有阶段性，即在不同年龄阶段，有着不同的发育标志。我们可以通过观察、分析这些标志，了解孩子身心发展的现状是否在正常范围内。但由于它受多种因素（遗传、环境、教育等）的影响，又有明显的个体差异，如有的孩子说话早，有的孩子该爬的时候还不会爬也是正常的情况。因此，各年龄阶段的标志也不是绝对的。如果你的孩子的发育情况与 0～6 岁儿童发展的里程碑里面的标志有出入，也不要着急。需要提醒的是，如果你的孩子出现"发展警示"中的情况，你要及时咨询当地医生或者幼儿教育工作者，因为这些标志说明你的孩子在某方面的发展明显落后了，必须及时查明原因，及时采取措施。孩子的早期发育有极大的可塑性，同时也极易受损伤，发育异常发现得越早，治疗越及时，康复的可能性就越大。

想要了解更多有关 0～6 岁儿童发展的里程碑的相关内容，请扫描文旁二维码。

文本资源

0～6岁儿童发展的里程碑

四、注意事项

（1）量表的得分具有识别作用，即通过受测婴幼儿所得原始分数的百分位数、标准分数和年龄等值与常模组进行比较，旨在发现低于平均发育水平或明显异常的婴幼儿。但这种识别更多的是基于目前的表现而非将来的表现，故对一次测评的解释应谨慎，必要时通过动态评估神经心理发育过程来明确诊断。

（2）要注意 CDCC 测评项目没有包括神经反射（原始反射和病理反射）及姿势反应方面的内容，故对有异常运动模式婴幼儿的识别有局限性。

（3）测评室的要求。测评桌、儿童椅、小床、一条 3m 长的通道，房间要让人感到愉快。施测者不要穿白大褂。应准备一两件简单而又吸引人的非测评玩具，供婴幼儿测评前和测评后玩。

（4）测评顺序：智力量表放在运动量表前进行，用到同样的材料或涉及相似观察的项目均按情景分组。

（5）施测者必须经过培训，熟练掌握量表材料的使用和测评过程，材料不应随意以他物代替。

实践运用

如果你是早教中心的一位工作人员，你发现中心 6 个月的壮壮不能扶坐，不会伸手抓物，紧握拳头不松开，根据你观察到的表现，这个孩子需要做测评吗？适合做什么样的测评呢？你会给家长怎样的建议呢？

聚焦点：

1. 确定孩子的年龄，了解该年龄孩子的发育特点。

2. 针对"6 岁不能扶坐，不会伸手抓物"等表现，建议家长带孩子到医院做包括运动发育在内的测评，依据测评结果同医生共同制订对孩子的合理化指导或干预。

学习效果检测

1. CDCC 的适用年龄是多大？

2. CDCC 的作用有哪些？

3. CDCC 包括哪几个领域？分别包括哪些内容？

4. CDCC 的结果是怎样评定的？

5. 实践运用：1 岁半的林林 CDCC 结果为：MDI＝102、PDI＝115，对此结果你会怎样判定？

文本资源

学习效果检测参考答案

学习任务 5
Peabody 运动发育量表-Ⅱ

学习任务单

项目	内容
学习目标	学习完本任务后，你应该能够： ①了解 PDMS-Ⅱ的作用、测评方法和注意事项。 ②熟悉 PDMS-Ⅱ的测评内容。 ③掌握 PDMS-Ⅱ的适用年龄、6 个分量表的内容、评分标准及结果的解读。
学习要点	本任务的重点、难点： ①PDMS-Ⅱ的适用年龄和作用。 ②PDMS-Ⅱ的内容结构、评分标准及量表结果的分析。
学习建议	学习前： ①完成本任务下的案例导入活动。 ②了解正常婴幼儿不同年龄阶段运动的发育情况。 学习中： ①完成本任务中相关的互动活动。 ②查阅并摘抄关于 PDMS-Ⅱ的相关知识，并记录下自己的认识。 学习后： ①完成本任务后相关的学习效果检测。 ②对婴幼儿的 PDMS-Ⅱ结果能进行初步解读，能对家长进行合理化的指导和建议。
学习运用	你觉得在哪些工作场景中可以运用到本任务所学内容？（请填写）
学习反思	请记录你在学习过程中的相关思考。（请填写）

案例导入

8个月的阳阳来早教中心一周了，早教中心的老师发现阳阳还不会独坐，腿部运动僵硬笨拙，用双手在腋窝下抱起时无蹬腿动作，腿部呈伸直状态。于是，老师建议家长带孩子到医院找医生看看。医生经过详细的问诊及查体，并经过相关的检查、检验以及运动评估，诊断阳阳为脑性瘫痪，建议康复运动训练，并对其家属进行训练指导。经过1年多的康复训练，经过评估，阳阳的运动能力较前明显改善，会扶楼梯上下楼，会踢球，但是医生说还要继续运动训练，定期评估，监测病情变化。

如果你是早教中心的一名老师，碰到此类问题会怎么处理？你对正常婴幼儿粗大运动和精细运动的发育了解吗？会选择什么样的测评呢？本学习任务将围绕PDMS-Ⅱ的相关知识展开，希望能够对你有帮助。

一、适用年龄和作用

（一）适用年龄

Peabody运动发育量表第二版（PDMS-Ⅱ）是由美国发育评估与干预治疗专家M. R. 福利奥（M. R. Folio）和R. R. 菲威尔（R. R. Fewell）编写的一套优秀的婴幼儿运动发育评估量表，出版于2000年。该量表由6个分量表组成，包括反射、姿势、移动、实物操作、抓握和视觉—运动整合分量表，共249项。测评结果最终以粗大运动、精细运动和总运动的发育商来表示。作为一种专门的运动发育量表，其测评项目的选择、方法的可操作性和易用性、评分标准的明晰性等方面都有独到的优点。PDMS-Ⅱ及其配套的训练方案正是为个体化家庭服务计划或个体化教育计划专门设计的，在美国现在已得到普遍应用，在世界范围内也有着广泛的影响。2006年，北京大学第一医院李明、黄真教授组织国内几家已开始应用PDMS的儿童康复医疗机构共同完成了PDMS-Ⅱ手册的翻译出版。

PDMS-Ⅱ适用于0～6岁的所有婴幼儿，包括各种原因导致的运动发育障碍的婴幼儿。

（二）作用

（1）评估婴幼儿的运动发育水平。该量表不仅适用于0～6岁婴幼儿运动发育迟缓及运动康复效果的评价，也适用于脑性瘫痪患儿运动功能的评定。了解婴幼儿各种技能在同龄婴幼儿中所处的百分位和发育相当年龄，对明确诊断、评估疗效、完善康复计划有着非常重要的意义。

（2）PDMS-Ⅱ对个体技能同时采用定量和定性方法，因而对婴幼儿完成的每一个项目，既能识别出婴幼儿的技能缺陷，又可将该项转化为个体化训练的目标，为治疗干预提供依据。

（3）定期对婴幼儿进行测评并比较其定量资料，可动态观察婴幼儿运动发育的轨迹。

（4）对粗大运动发育商和精细运动发育商的测评结果进行比较，可以确定婴幼儿运动能力是否存在相对的分离。

（5）根据配套运动训练方案，结合测评结果可以确立训练目标和训练方案，可以进行有效的针对性康复。运动训练方案详尽又具体，对患儿家属进行训练指导，促进家属积极参与患儿的康复治疗，体现了以家庭患儿为中心的康复理念。该套方案不仅具有很高的专业水准，而且易学易用，既可以用于婴幼儿发育干预的临床研究，又适合在基层作为适宜技术推广。

二、测评内容和方法

（一）测评内容

PDMS-Ⅱ采用个别测验，整个测评过程需45～60分钟，粗大运动或精细运动能力测评均可在20～30分钟内完成。施测者应掌握婴幼儿粗大运动及精细运动发育的相关知识，了解残疾婴幼儿的异常神经运动模式，接受过 PDMS 评估的培训。施测者必须严格按照项目测评指导中的要求来施测，指导手册为施测者提供了各个项目的详细说明、图解和评分标准。

PDMS-Ⅱ由 249 个项目组成，可评价 0～6 岁婴幼儿粗大运动、精细运动和总体运动能力。PDMS-Ⅱ由以下 6 个分量表组成：

（1）反射分量表：由 8 个项目组成，评估婴幼儿对环境时间的自动反应能力，包括踏步反射、非对称性颈反射、翻正反射、保护性反射等。由于反射在生后 12 个月前就被整合了，故此分量表只用于出生到 11 个月的新生儿。

（2）姿势分量表：由 30 个项目组成，评估婴幼儿维持其身体控制在重心之内的能力和保持平衡的能力，主要是静态下的头、颈、躯干抗重力运动能力。

（3）移动分量表：由 89 个项目组成，评估婴幼儿从出生到 6 岁躯体移动的能力，在粗大运动能力中占有重要地位。从仰卧位、俯卧位简单的四肢动作，到躯干抗重力作用的动作；从翻身、坐、爬、扶物站到走、跑、跳等复杂的平衡动作。

（4）实物操作分量表：由 24 个项目组成，评估婴幼儿操控球的能力，如接、扔和踢球。因为婴幼儿 11 个月后才具有此项技能，故此分量表只适用于 12 个月以上婴幼儿。

（5）抓握分量表：由 26 个项目组成，属于精细运动能力测量，评估婴幼儿手、手指及上臂的运动能力。

（6）视觉—运动整合分量表：由 72 个项目组成，在精细运动评估中占重要地位，评估婴幼儿应用视知觉技能来执行复杂的手眼协调任务的能力。从简单的仰卧位、坐位追视到伸手抓物，从手持方木到搭建方木图形，从拿小丸到串珠子，从涂鸦到画线涂色、剪图形。

粗大运动测评量表由反射（从出生到 11 个月）、姿势（所有年龄）、移动（所有年龄）、实物操作（12 个月或更大）4 个分量表组成。精细运动测评量表由抓握（所有年龄）、视觉—运动整合（所有年龄）2 个分量表组成。

🔍 拓展阅读

大运动又称粗大运动或大肌肉运动，是神经系统对大肌肉群的控制活动，涉及胳膊、腿、足部肌肉或全身的较大幅度的动作，如俯卧、抬头、坐、爬、站、行走、跑、跳等。婴幼儿大运动发育正常是其健康成长的基础保障之一，应该怎样判断婴幼儿大运动发育是否正常呢？你对婴幼儿大运动发育了解有多少呢？下面是婴幼儿大运动发育每个年龄段的发展特点。

婴幼儿大运动发育的顺序

1 月龄：俯卧位头部翘动；

2 月龄：俯卧头抬离床面；

3 月龄：抬头较稳，抱直头稳，俯卧抬头 45°；

4 月龄：抬头很稳，俯卧抬头 90°，扶腋可站片刻；

5 月龄：轻拉腕部即坐起，独坐头身前倾，扶着腋下可站立；

6 月龄：仰卧翻身，会拍桌子，用手支撑坐，独坐片刻，站自动跳跃；

7 月龄：独坐直，有意识地从仰卧位到俯卧位或从俯卧位到仰卧位；

8 月龄：独坐自如，扶栏杆站立，无需人帮助，匍匐爬行；

9 月龄：拉双手会走，用手和膝盖爬，拉栏杆站起；

10 月龄：自己坐起、坐下，双手扶栏杆，挪动脚；

11 月龄：独站片刻，一手扶栏杆，挪动脚拉着两手走；

12 月龄：独站稳，牵一只手能走；

15 月龄：独走自如，僵硬地跑，拉着一只手上楼梯；

18 月龄：能爬台阶，拉着一只手走下楼梯，倒后走；

21 月龄：扶楼梯上下楼，跑得好；

24 月龄：双足并跳，会踢球，能上下楼，每两步一层楼梯；

27 月龄：独自上下楼；

30 月龄：能独脚站片刻，独足跳，双脚交替上楼梯，从梯级跳下；

33 月龄：会立定跳远，双脚交替走下楼梯；

36 月龄：正确地跑，双脚交替跳，骑自行车。

（二）测评方法

为了对 PDMS-Ⅱ测评中婴幼儿的表现做出正确的解释，必须严格按照项目测评指导（部分见表 3-10）中的要求来实施测评。该指导为施测者提供了各个项目的详尽说明、图解和评分标准。在项目测评的操作与评分中，施测者有任何疑问都可以参考测评指导。施测者只有对项目测评指导非常熟悉之后，才可以使用测评记录册进行测评和评分。对于不同的项目，其操作指导是各不相同的。有的操作指导是文字性的，有的则是图示。重要的是施测者要严格遵循操作指导。

对每一个测评项目，都必须按操作指导重复三次（又称"尝试"），使婴幼儿有机会在项目测评中获得最高的分数。例如，有的项目要求婴幼儿在三次尝试中要通过两次才能得到最高分。如果一个婴幼儿在首次尝试中就达到了 2 分的标准，而评分标准中并不要求在三次尝试中通过两次，施测者就可以在测评记录册中给该项目记为 2 分。如果 2 分的评分标准要求在三次尝试中通过两次，那么施测者就必须让受测婴幼儿至少再尝试一次来达到评分标准。如果受测婴幼儿在第二次尝试中没有通过，那么就需要进行第三次也就是最后一次尝试。如果受测婴幼儿在第三次尝试以前就对这个项目的活动失去了兴趣，施测者应当先测评其他项目，稍后再补测。总之，每一个项目的测评只有在受测婴幼儿得到 2 分或尝试了三次才算完成。施测者不能直接触及受测婴幼儿或者直接帮助他们完成动作，但可以示范动作，以明确测评的要求。

为了缩短测评的时间，除一个分量表以外所有的分量表都应用了起始点、底部和顶部。在姿势、移动、实物操作、抓握和视觉运动整合 5 个分量表中，婴幼儿的年龄决定了从哪个项目开始测评。而反射分量表仅用于 1 岁以下的婴儿，其测评总是从第一项开始的。然而，对于一个年龄稍大，但已知有运动或者神经残障的婴幼儿时，也可以测评反射分量表，从中也能够获得一些信息。

📝 学习笔记

表 3-10 PDMS-Ⅱ测评指导（部分）

粗大运动列表			
（一）反射			
序号	月龄	项目名称、体位、测评方法	评分标准
1	2 月	踏步反射 双手从小儿背后伸到腋下扶小儿呈立位，将小儿稍向前倾，使小儿双脚脚背轻轻划过桌边缘，然后放在桌面上。观察小儿双脚的运动。	2 小儿在 3 秒内向前迈步，先抬起一脚，然后抬起另一脚。 1 小儿在 3 秒内抬起一脚。 0 小儿的脚和腿不动。
2	4 月	姿势反射（非对称颈紧张反射，整合的） 放小儿呈仰卧位，头朝向你。将小儿面部转向左侧，使左面颊与地面平行。保持头的位置 3 秒，观察小儿肢体的动作反应。右侧重复以上步骤。	2 小儿面部转向一侧时，上下肢均未移动。 1 小儿上下肢呈现反应，但转头后，上下肢会从反应姿势移开。 0 反射仍然存在。
3	6 月	兰朵反应（Landau reaction） 水平悬空位 从侧面伸双手托住小儿胸腹部，使其呈水平悬空位。观察小儿的头、躯干、髋和下肢的姿势。	2 小儿头抬起高出躯干水平，躯干伸展，双髋及下肢对称性抬起呈完全伸展。 1 小儿头抬起高出躯干水平，躯干伸展，但双髋与下肢处于躯干水平以下。 0 小儿头与髋均低于躯干水平。
4	6 月	保护性反应——前方（悬空位） 做该项检查时，你可以双膝跪于地面或者面向桌子站立，当小儿向前倾斜时，伸手能触到平面（地面或桌面）。双手从腋下抱住小儿躯干上部，使其悬空，腹部与地面平行，臀部朝向你。使小儿头快速地向下倾斜、观察小儿上肢运动。	2 小儿伸出双臂，肘伸直，手掌张开支撑体重。 1 小儿伸出双臂，肘伸直，或双手放在平面上，肘屈曲，但不支持体重。 0 小儿没有伸出双臂，或未将手掌放到平面上。

三、结果评定

PDMS-Ⅱ每个项目按照受测者完成的情况，分为 0、1、2 三级。

评分标准：

2 分：婴幼儿在项目中的表现已达掌握标准。

1 分：婴幼儿在项目中的表现与掌握标准相似，但没有完全符合标准。

0 分：婴幼儿不能尝试或没有尝试做某项目，或者其尝试未能显示出相应的技能正在形成。

为了使受测者有机会在项目中得到最高分数，每个项目只有在受测者得到 2 分或尝试三次才算完成。

PDMS-Ⅱ可得出 5 种分数，即原始分、相当年龄、百分位、分量表的标准分（量表分）及综合发育商。原始分及相当年龄由于临床使用价值有限，故不推荐解释。百分位代表等于或低于某个特定分数的人群所占的百分率。比如，某个受测者得分的百分位是 56，则代表有 56％的标准化样本人群的分数等于或低于该受测者的分数。分量表的标准分：其均值是 10，标准差是 3，该分数由原始分转换而来，标准分使施测者能够在不同的分量表之间进行比较。比如，如果一个受测者在移动分量表中得分是 3，而在视觉—运动整合分量表中得分是 18，施测者即可得出结论：该受测者移动是弱项，而视觉—运动整合是相对强项。综合发育商由三个商数组成，即粗大运动商（gross motor quotient，GMQ）、精细运动商（fine motor quotient，FMQ）和总运动商（total motor quotient，TMQ）。由于综合发育商是由几个有代表性的分量表得出的，因此具有较高的可信度。

GMQ 测试的是婴幼儿运用大肌肉系统应对环境变化的能力，非移动状态下维持姿势稳定的能力，从一处到另一处的移动能力，以及接球、扔球和踢球的能力。GMQ 由 3 个分量表的标准分推导出，对于小于 1 岁的婴幼儿，由反射、姿势和移动 3 个分量表得出；1～5 岁的婴幼儿由姿势、移动和实物操作 3 个分量表得出。

FMQ 测试的是婴幼儿运用手指、手以及一定程度上运用上臂抓握积木、搭积木、画图及操作物体的能力。FMQ 由 2 个分量表的标准分推导出，即抓握和视觉—运动整合分量表。

TMQ 的分数是由 GMQ 和 FMQ 两部分组成，是评价婴幼儿总体运动能力最好的指标（见表 3-11、表 3-12）。

表 3-11 PDMS-Ⅱ分量表标准分值说明

标准分	评价	钟形分布图中的百分位
17～20	非常优秀	2.34
15～16	优秀	6.87
13～14	中等偏上	16.12
8～12	中等	49.51
6～7	中等偏下	16.12
4～5	差	6.87
1～3	非常差	2.34

表 3-12 PDMS-Ⅱ发育商说明

发育商	评价	钟形分布图中的百分位
131～165	非常优秀	2.34
121～130	优秀	6.87
111～120	中等偏上	16.12
90～110	中等	49.51
80～89	中等偏下	16.12
70～79	差	6.87
35～69	非常差	2.34

拓展阅读

PDMS-Ⅱ运动训练方案的使用

运动训练方案（motor activity program）是针对 PDMS-Ⅱ项目的教育和训练计划。编制中应用了运动学习的基本原则，即：

（1）新技能的产生是建立在婴幼儿已掌握的全部能力的坚实基础之上，婴幼儿某个发育阶段所掌握的技能是为今后学习更高水平的技能奠定基础。

（2）婴幼儿通过与人交往模仿学习运动技能。

（3）练习、反复强化以及必要时调整训练对成功获得技能至关重要，必要时将运动技能分解成更小的学习单元，尤其对于特殊需要婴幼儿。

（4）发挥婴幼儿的内在驱动力，通过有趣的运动训练方式促进其掌握技能等。

运动训练方案由 6 个运动训练单元组成，每个单元分别对应 PDMS-II 各分量表中所评估的技能。反射单元包含了许多有助于婴幼儿发展自动反应的活动，具体目标是：帮助婴幼儿在由于环境因素而丧失平衡的情况下，获得一个垂直位维持姿势，并且保持头部在身体的中线位。在出生后 4～18 个月姿势反应出现，并且大部分反应将保持终身，如保护反应、翻正反应和平衡反应。姿势单元的动作组成是有关婴幼儿持续控制身体重心并保持平衡的能力，可以进行许多不同模式的运动训练。移动单元动作的组成包括促进婴幼儿从一个位置移动至另一个位置的活动。在要求节律性和平衡性的移动技能，如奔跑和跳跃运动前，婴幼儿首先通过翻身、俯爬、四点爬、走以及跑的方式开始移动过程。实物操作单元，该技能的发展过程是从建立正常的运动模式到应用该运动模式产生效果，最终在日常的游戏、社会活动、体育活动中将这些技能与其他的技能整合在一起使用。抓握单元包含的动作是将手作为一个工具来应用并发展其技能，使手部的动作逐渐变得更有控制力和方向性。视觉—运动整合单元，通过对视觉注意、视觉辨别、视觉图像—背景感知及视觉—空间能力的训练，使婴幼儿掌握在眼、手、脚和身体的共同参与下控制运动的能力。通过对每名受测者 PDMS-II 结果的分析，可以根据运动训练方案中每个分量表对应的内容制定出训练的总体目标和具体目标。

四、注意事项

（1）施测者需经过培训并取得测评资质，熟练掌握测评项目内容，测评过程中严格按操作指南执行。

（2）环境安静、没有干扰，温度适宜、舒适，在受测者身体状态、精神状态好的情况下进行测评，以免影响测评结果。

（3）让受测者在测评中保持轻松自如，并且专注于测评的项目，必要时可安排一名家长陪同，施测者和家长不要用言语或手势来评价受测者测评中的正确性，以免影响测评的准确性。

（4）当受测者不能很快完成一项任务时，可先进行下一项目，不应让受测者在测评中产生挫折感。测评中如遇特殊情况应及时记录，如受测者在测评中注意力不集中，哭闹不配合等，可考虑更换时间重新测评。

（5）对于特殊受测者在测评结果中需要做出特定的描述，以便提供更精准的信息，如脑瘫患儿测评时应注明患侧等。

（6）粗大运动测评分量表结果分值转换只包括 3 个组成部分，0～11 个月由反射、姿势、移动分量表组成（无实物操作）；12 个月后由姿势、移动和实物操作分量表组成（无反射）。

（7）由于脑瘫患儿通常表现出不成熟的反射发展能力，因此尽管在反射单元的标准样本中不包括大于 11 个月的健全孩子，但仍应测试脑瘫患儿的反射能区。即使因为他的年龄而使他得不到一个标准分，但还是需要改善他的一些反应能力，如侧正反应、保护性侧方前方反应等。

（8）合理解释测评结果，注意保护患者隐私。

实践运用

8个月的洋洋，因不会主动伸手抓物、不会独坐，妈妈带其来医院就诊，医生使用PDMS-Ⅱ对其进行了测评，测评结果显示洋洋的GMQ为79、FMQ为70、TMQ为73。

如果你是这位医生，你认为洋洋的测评结果有显示出异常吗？你会怎样建议他？

聚焦点：

1. 依据表3-12，洋洋的GMQ、FMQ、TMQ值均介于70～79，这表明他的粗大运动和精细运动发育均处于较差的水平。

2. 需要和其家长充分沟通，收集孩子的个人成长史、家庭史等相关信息，建议家长带孩子接受其他医学检查，排查器质性病变等。

学习效果检测

1. PDMS-Ⅱ的适用年龄是多大？

2. PDMS-Ⅱ由哪些分量表组成？共多少项？

3. PDMS-Ⅱ的评分标准是什么？

4. PDMS-Ⅱ的分量表标准分其均值和标准差分别是多少？

5. PDMS-Ⅱ的综合发育商由哪三个商数组成？

6. 利用PDMS-Ⅱ对10个月的孩子和2岁的孩子的粗大运动进行测评，分别要测评哪几部分？

文本资源

学习效果检测参考答案

学习任务 6
贝利婴幼儿发展量表

学习任务单

项目	内容
学习目标	学习完本任务后，你应该能够： ①了解 BSID 的作用和适用年龄。 ②熟悉 BSID 的测评内容。 ③掌握 BSID 的结果判定。
学习要点	本任务的重点、难点： ①BSID 的作用和内容。 ②操作 BSID 测评项目时的注意事项。 ③BSID 的结果判定。
学习建议	学习前： ①完成本任务下的案例导入活动。 ②初步了解 BSID 的操作流程。 学习中： ①完成本任务中相关的互动活动。 ②应用布娃娃进行 BSID 操作，关注操作中的注意事项。 学习后： ①完成本任务后相关的学习效果检测。 ②对婴幼儿的 BSID 结果能进行初步解读，能对家长进行合理化的指导和建议。
学习运用	你觉得在哪些工作场景中可以运用到本任务所学内容？（请填写）
学习反思	请记录你在学习过程中的相关思考。（请填写）

案例导入

小明妈妈在怀着小明时有妊娠合并高血压，虽然小明出生时没有什么问题，可妈妈总是担心孕期的高血压会导致孩子"智商"下降。现在小明9个月了，不会发"bàba、māma"音，不太会爬，不会双手传递物品，妈妈担心极了，要给小明做测评。这种情况下，你会给小明做什么测评呢？

本学习任务主要介绍 BSID，希望通过学习，你对 BSID 的适用范围、年龄分组、具体的测评方法等能有全面的了解。

一、适用年龄和作用

贝利婴幼儿发展量表（BSID）是贝利（N. Bayley）于1933年发表的，1969年再版。贝利及其同事吸收了 GSD 及其他婴幼儿测验的某些项目，结合自己多年的研究成果，编制了适合2～30个月婴幼儿发展状况的测验。1969年的标准化样本为1262名婴幼儿，按年龄、性别、种族、城乡、家长教育水平等指标分层取样，因此它的标准化好于其他婴幼儿智力测验。湖南医科大学精神卫生研究所①易受蓉等人在其他14家单位的协作下，于1991年完成全国12个城市的取样工作，于1992年完成资料的处理工作，完成 BSID 的翻译和修订工作。从测验编制技术的角度看，BSID 是公认的最好的婴幼儿测验之一，具有科学的可靠性和有效性。

BSID 主要用于评估婴幼儿感知敏感性、辨别力及对外界的反应能力，早期获得物体的恒常性，记忆、学习及解决问题的能力，发声、言语交往的能力，早期形成概括、分类等抽象思维的能力；评估婴幼儿的身体控制程度、大肌肉运动以及手指精细操作的能力。因此，BSID 可为小儿神经系统损伤和发育障碍的早期诊断提供依据，应用于围产期高危儿的监测，可作为妇幼保健和发育儿科学临床与教学用的工具，可用于婴幼儿行为发展的跨文化研究与国际协作交流。

二、测评内容和方法

（一）测评内容

BSID 由智力量表、运动量表和行为记录表三部分组成（见表3-13），智力量表和运动量表是主要的分量表，行为记录表主要提供参考信息。BSID 共有244个项目，其中智力量表163项，运动量表81项。施测时间约需45分钟。

表3-13 BSID 三个组成部分的内容

名称	内容
智力量表	评估婴幼儿感知敏感性、辨别力及对外界的反应能力，早期获得物体的恒常性，记忆、学习及解决问题的能力，发声、言语交往的能力，早期形成概括、分类等抽象思维的能力。
运动量表	运动量表用来评估婴幼儿身体控制程度，大肌肉运动（包括抬头、坐、爬、站、走等）以及手指精细操作（包括对指、抓握等）的能力。
行为记录表	一种等级评定量表，用来评估婴幼儿个性发展的各个方面，如情绪、社会行为、注意广度及目标定向等。

① 现中南大学精神卫生研究所。——编者注

（二）测评方法

1. 测评用具（见表 3-14）

表 3-14　BSID 测评器械一览表

测试箱	海绵运动垫 1 个
秒表 1 只	测试桌 1 张、椅子 3 把
20cm×28cm 白纸数张	标准梯子 1 套
餐巾纸数张	标准行走木 1 副
有栏卧床 1 个	

2. 测评过程

为了对 BSID 测评中婴幼儿的表现做出正确的解释，施测者必须严格按照量表操作指南中的要求实施测评。该指南为施测者提供了各个项目的详尽说明。在测评过程中，项目顺序可以变换，但总体倾向于由静到动；施测者要注意随时观察婴幼儿的自动运动和发声，对任何有关的、可观察到的行为（甚至不在测评室内发生的）都要计分；当婴幼儿对某个项目的刺激厌烦或无反应时，及时更换刺激物或令受测婴幼儿休息几分钟；当婴幼儿表现出抑制或焦虑时，可先给其一个或多个非测试性玩具，然后再提供容易操作和探索性的测试用具；对需要做出言语反应或执行命令的项目，等婴幼儿能做出自由反应时再考虑提供。智力量表操作指南示例参见表 3-15。

表 3-15　智力量表操作指南（示例）

项目	年龄定位	具体操作
1	0.1	A：1、42
	对铃声反应	在距小儿耳朵 20cm 处轻轻地摇铃，先测一只耳朵，几秒之后测另一只耳朵。 注意：操作时应轻轻地摇铃（除非婴儿能耐受强的铃声）；为避免小儿对听刺激习惯化，听力测试应与其他测试间隔进行，因而第 1、第 3 和第 4 项不可立即连续实施。 评分：对声音有任何肯定的反应，如眨眼、皱眉、身体惊动、活动增加、活动停止或哭泣，便计分。注意在这个年龄期，小儿对刺激的反应可能延迟几秒。
3	0.1（0.1~3）	C：3、39、43、63
	对摇鼓声反应	在距小儿耳朵约 10cm 处迅速摇晃摇鼓，先测一耳，然后测另一耳，必要时重复几次，各次之间停顿数秒。 注意：为避免小儿对听刺激习惯化，不要在第 1 项和第 4 项之后立即施测此项。 评分：对声音有任何肯定的反应（具体见项目 1），便计分。
19	1.6（0.7~4）	D：5、7、8、14、16、19
	眼转向红环	令小儿仰卧，施测者用枕头或折叠的尿布从两侧支撑其头部，以维持其面部向上，并俯身吸引其视线朝上。由一侧开始，施测者沿着弧形，将红环移至中线，使红环与小儿眼睛保持 30~38cm 的距离，然后由另一侧开始。注意小儿是否能转动双眼至少 30° 而凝视红环（紧接着施测第 20、第 27 和第 32 项）。 评分：当红环位于距中线 30° 或 30° 以上的角度时，如果小儿能向两侧转动双眼，便计分。

注：每一项目后的年龄表示年龄定位，每一婴幼儿需要施测与年龄相对应的所有项目，年龄定位后括号内的年龄范围表示对标准化样本中能通过每个项目 5% 和 95% 的婴幼儿年龄，后面的大写字母符号表示每种情景编码，后面则为此情景包括的所有项目，由易到难。

3. 测评中的几个关键问题

（1）情景编码

情景编码是将智力量表和运动量表中的许多项目组成不同的序列，然后将每一序列以不同的字母（A、B、C、D、E……）进行编码。

（2）基础水平与最高水平的变化范围及量表计分

①基础水平：指开始失败之前的那个项目。在智力量表中，常用连续成功 10 次的最高条目代表基础水平；而在运动量表中，只用连续成功 6 次的最高项目代表基础水平。

②最高水平：指连续失败前最后成功的项目。在智力量表中，连续失败 10 次之前的那个成功项目代表最高水平；而在运动量表中，连续失败 6 次之前的那个成功项目代表最高水平。

③变化范围：婴幼儿在测评时，表现出由成功到失败的能力变化范围（这可能会有几个月的年龄跨度）。变化范围包括从基础水平到最高水平之间的全部项目。

在智力量表中，如何寻找基础水平和最高水平？

例如，12 个月大的玲玲来做测评，那么我们会从 11 个月的项目开始做，即第 97 个，如果她做到第 102 个项目时错了，就没能实现 10 个项目连续成功，就不代表她的基础水平，如下：

条目	92	93	94	95	96	97	98	99	100	101	102
结果	√	√	√	√	√	√	√	√	√	√	×

这时，我们会从第 101 个项目开始向前连续推 10 个项目，看她是否能连续正确地完成这 10 个项目。如果能，101 就代表她的基础水平。

如果她从第 110 个开始错，并连续错了 9 个，但是第 10 个，即 119 对了，那么 110 不能代表她的最高水平，要直到她连续做错 10 个项目才能认为她达到了她的最高水平，如下：

项目	108	109	110	111	112	113	114	115	116	117	118
结果	√	√	×	×	×	×	×	×	×	×	×
项目	119	120	121	122	123	124	125	126	127	128	129
结果	√	×	×	×	×	×	×	×	×	×	×

从第 120 个项目开始，到第 129 个项目为止，她连续错了 10 个项目，此时才能认为她的最高水平为 119。变化范围是从 101 到 119 之间的全部项目。

三、结果评定

（一）年龄的计算

(1)用测评的日期减出生的日期。

(2)将所有的月份都平均看成 30 天。

(3)早产儿应该用计算出生的年龄减早产的天数。

例如：

受测婴幼儿的年龄：

测评日期	2000 年	5 月	12 日
出生日期	1999 年	6 月	23 日
该婴幼儿的年龄为	0 年	10 月	19 日

如早产 11 天，那么减 11，该婴幼儿的年龄实际是 10 个月零 8 天。

(4)各组月龄的计算，以生日前后 15 天为界。如 24 个月包括 23 个月 16 天至 24 个月 15 天的婴幼儿（查表换算粗分时应注意）。

（二）结果判读及评价标准

在各项目旁边打"√"代表通过；打"×"代表未通过或附加文字说明：如婴幼儿拒绝合作或由母亲报告。每个项目都是通过和未通过二级评分。将各量表通过的项目数累加，分别得出智力量表粗分及运动量表粗分，查表得总量表分。

粗分：测验中通过的项目总数。

发展指数：每个婴幼儿在智力量表和运动量表上的分数，按年龄组转换成平均数为 100，标准差为 16 的标准分数，从而计算出心理发展指数（mental development index，MDI）和心理运动发展指数（psychomotor development index，PDI）。根据粗分及婴幼儿的年龄查相应的"粗分等值 MDI 换算表"即可得到此数，运动量表查"粗分等值 PDI 换算表"。

发育等级：根据发展指数得出婴幼儿的发育等级（见表 3-16）。

表 3-16　发展指数对应的发育等级

发展指数	发育等级	发展指数	发育等级
130 及以上	非常优秀	80～89	中下
120～129	优秀	70～79	临界状态
110～119	中上	69 及以下	发育迟缓
90～109	中等		

百分位数：指婴幼儿的发展指数高于同龄婴幼儿的百分位数，根据表 3-17 可得出相应的百分位数。

表 3-17　发展指数对应的百分位数（部分）

发展指数	Z 值	百分位数	发展指数	Z 值	百分位数
121	1.3125	90.5%	104	0.25	59.9%
120	1.25	89.4%	103	0.1875	57.4%
119	1.1875	88.2%	102	0.125	55.0%
118	1.125	87.0%	101	0.0625	52.5%
117	1.0625	85.6%	100	0	50.0%
116	1	84.1%	99	−0.0625	47.5%
115	0.9375	82.6%	98	−0.125	45.0%
114	0.875	80.9%	97	−0.1875	42.6%
113	0.8125	79.2%	96	−0.25	40.1%
112	0.75	77.3%	95	−0.3125	37.7%
111	0.6875	75.4%	94	−0.375	35.4%
110	0.625	73.4%	93	−0.4375	33.1%
109	0.5625	71.3%	92	−0.5	30.9%
108	0.5	69.1%	91	−0.5625	28.7%
107	0.4375	66.9%	90	−0.625	26.6%
106	0.375	64.6%	89	−0.6875	24.6%
105	0.3125	62.3%	88	−0.75	22.7%

例如，某 5 个月婴幼儿 BSID 得分情况见表 3-18。

表 3-18 某婴幼儿的 BSID 得分情况

	粗分	发展指数	发育等级	百分位数
智力量表	65	112	中上	77％
运动量表	20	94	中等	35％

延伸阅读

如果你想了解更多关于 BSID 的临床应用，可以关注以下文献。

谭樱、李燕：《贝利婴幼儿发展量表的研究进展》，载《中国妇幼健康研究》，2010（21），385-387 页。

吴利等：《贝利婴幼儿发展量表（第 3 版）在筛查测试婴幼儿认知发育中的应用》，载《实用临床医药杂志》，2021（25），33-35 页。

江淼淼、李恩耀：《贝利婴幼儿发展量表对婴幼儿脑瘫康复疗效的评估》，载《保健文汇》，2016（5），91 页。

四、注意事项

（1）施测者应熟悉操作指南和计分要求，确保测评结果的有效性，避免偏差。

（2）施测者要与受测婴幼儿建立融洽的关系，掌握与不同发展水平婴幼儿的交往技巧，以便能在最短的时间内，使受测婴幼儿对测试项目做出反应。

（3）施测者要利用变换测评项目顺序的技巧，引出受测婴幼儿最自然的反应。

（4）施测者要时刻注意婴幼儿处在适当位置时的自然行为，观察到便随时计分。

（5）施测者应能熟练、灵活地控制测评进程，过程中注意避免催促婴幼儿。

实践运用

在日常工作中，有很多像小明妈妈一样的家长，在孩子孕期有一些妊娠并发症，孩子出生时也可能有轻度缺氧、窒息的情况，如果家长想对处在婴儿时期的孩子进行神经行为发展的测评，你会怎样建议？

聚焦点：

1. 了解 BSID 的适用范围和具体内容。

2. 需要跟家长充分沟通，让其了解发育水平测评量表结果所代表的意义。

3. 熟悉婴幼儿的发展能力水平。

学习效果检测

1. BSID 主要的临床意义是什么？

2. BSID 的适用年龄是多大？由哪几部分构成？

3. 操作 BSID 时要注意哪些事项？

4. 实践运用：有位家长想请你给他 34 个月大的孩子做心理行为发育水平的测评。这位家长听别人说，现在用于发育测评的量表包含的内容都差不多，一般都包括大运动、精细动作、语言和个人—社会适应这几个方面，但是 BSID 对婴幼儿的心理行为发育水平的评估特别准确，想请你用这个量表来给孩子进行测评，你会如何跟家长解释呢？

文本资源

学习效果检测参考答案

学习模块四
社会生活能力、气质及孤独症测评量表

假如你是一位托育老师，有孩子家长向你反映："我的孩子现在 2 岁了，还分不清爸爸妈妈，不会指认鼻子、眼睛、嘴巴，没有任何语言表达，不理睬别人说话，不跟小朋友玩，眼神对视很少，叫名字没有反应，喜欢反复转车轮，喜欢把小车整齐排成排，稍不如意就发脾气，有时尖叫，不会自己吃饭。"请问，这个孩子有没有异常？在回答问题之前，请想一想，你了解正常婴幼儿的社会生活能力及气质吗？你对孤独症有所了解吗？在本节中，希望你结合相关内容的学习来了解婴幼儿的社会生活能力、婴幼儿气质及孤独症的相关知识及测评。在以后的学习和工作中，希望你能对心理与行为发育有异常的婴幼儿做出正确建议和指导。

学习导图

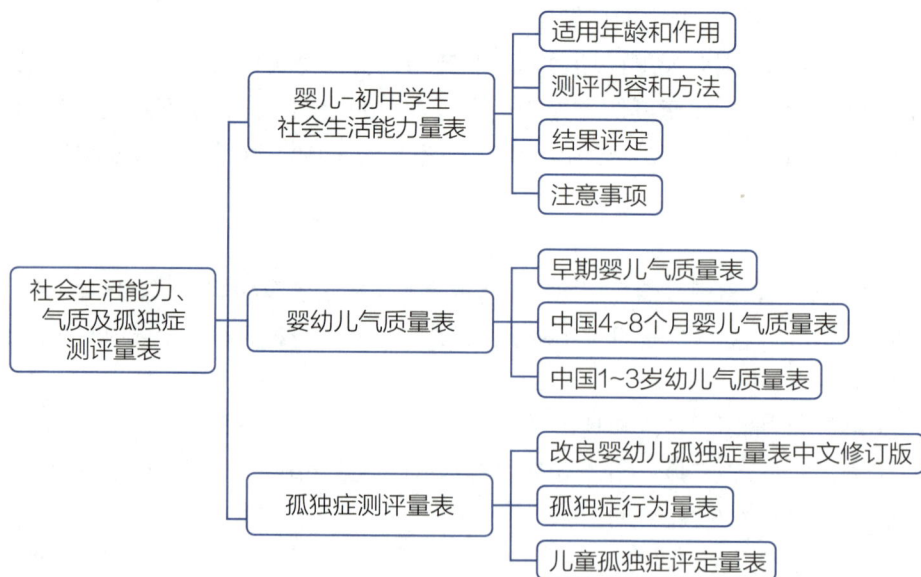

学习初体验

实践体验活动

查阅在语言、社交、行为、情绪、生活自理能力等方面存在发育问题的婴幼儿的典型症状，并观察你周围是否有这样的孩子，请记录你的观察和思考。学习完本模块后，再来看一看最初的记录。

学习任务 1
婴儿—初中学生社会生活能力量表

学习任务单

项目	内容
学习目标	学习完本任务后，你应该能够： ①了解 S-M 量表的适用年龄和作用。 ②熟悉 S-M 量表的测评内容。 ③掌握 S-M 量表的结果解读。
学习要点	**本任务的重点、难点：** S-M 量表的测评内容及结果解读。
学习建议	学习前： ①完成本模块下的学习初体验活动和本任务下的案例导入活动。 ②了解正常婴幼儿各年龄阶段生活自理能力的特点。 ③了解哪些婴幼儿需要使用 S-M 量表测评。 学习中： ①完成本任务中相关的互动活动。 ②找一个熟人家的孩子，得到家长的同意，学习用 S-M 量表练习操作，特别关注操作中的注意事项。 学习后： ①完成本任务后相关的学习效果检测。 ②对孩子的 S-M 量表测评结果能进行初步解读，对家长能进行合理化的指导和建议。
学习运用	你觉得在哪些工作场景中可以运用到本任务所学内容？（请填写）
学习反思	请记录你在学习过程中的相关思考。（请填写）

案例导入

茹茹是一个 2 岁 8 个月的孩子，隔代带养，平常爷爷奶奶对茹茹特别溺爱，日常起居照顾得特别周到，从起床穿衣、洗手洗脸到吃饭如厕基本上没有让孩子上过手。爸爸妈妈将茹茹送到了托育机构，刚入托一周老师就向茹茹爸妈反映："茹茹是个很聪明的孩子，教的东西一学就会，很惹人喜欢，但是适应能力和生活自理能力太差了，别的小朋友基本上都会自己吃饭，只有茹茹每次吃饭都得老师喂，而且吃得特别慢，上厕所也是个大问题，就连洗手洗脸这样的事情也不愿意自己干！希望在家的时候能够注意一下这方面的教育和训练。"听了老师的话，茹茹爸妈都表示以后尽量自己进行带养，加强茹茹社会生活能力的训练。

那么，什么是社会生活能力呢？一个 2 岁 8 个月的孩子，其社会生活能力应该是怎样的？茹茹的社会生活能力有没有缺陷？严重程度如何？今天我们就来一起学习 S-M 量表，希望对你有所帮助。

一、适用年龄和作用

婴儿—初中学生社会生活能力量表（S-M 量表）是由北京大学第一医院左启华教授等基于日本的"S-M 社会生活能力检查"量表于 1988 年完成的中国标准化工作，在国家"七五"攻关科研项目"中国 0～14 岁儿童智力低下流行病学调查"的成果基础上，经过多年临床检验并修订完善而成的。自在全国推广应用以来，得到各界的广泛认可，被公认为是一种简便、可靠、操作性强的行为评定量表，由第二次全国残疾人抽样调查智力残疾评定专家组主持认定具有较大实用价值。该量表适用于 6 个月婴儿到 14 岁的儿童，是婴儿—初中学生的适应行为评定量表，主要是对儿童的社会生活能力进行评定。

二、测评内容和方法

（一）测评内容

S-M 量表包括独立生活能力（self-help，SH）、运动能力（locomotion，L）、作业能力（occupation，O）、交往能力（communication，C）、参加集体活动（socialization，S）、自我管理能力（self-direction，SD）6 个领域，共 132 个项目，132 项内容分布在儿童整个年龄阶段 6 个领域中（S-M 量表的内容见表 4-1）。

1. 独立生活能力

独立生活能力包括进食，衣服脱换，穿着，料理大便，个人和集体清洁卫生情况（洗澡、洗脸、刷牙、洗头、梳头、剪指甲、打扫和装饰房间等）。

2. 运动能力

运动能力包括走路，上阶梯，过马路，串门，外出玩耍，到经常去的地方，独自上学，认识交通标志，遵守交通规则，利用交通工具到陌生地方去等。

3. 作业能力

作业能力包括抓握东西，乱画，倒牛奶，准备和收拾餐具，使用糨糊，剪图形，开启瓶盖，解系鞋带，使用螺丝刀、电器、煤气炉、烧水、做菜、修理家具等。

4. 交往能力

交往能力包括叫名转头，说话，懂得简单指令，说出自己的姓和名，说出所见所闻，交谈，打电话，看并理解简单文字书、小说和报纸，写便条、信和日记，查字典等。

5. 参加集体活动

参加集体活动包括做游戏，同其他儿童一起玩，参加班内值日、校内外文体活动、旅游等。

6. 自我管理能力

自我管理能力包括总想自己独自干，理解以后能忍耐，不随便拿别人东西，不撒娇磨人，独自看家，按时就寝，控制自己不提无理要求，不说不应该说的话，不乱花钱，有计划买东西，关心幼儿和老人，注意避免生病，独立制订学习计划等。

这些项目按各年龄组、通过率，排列在 6 个月到 14 岁的范围内。全量表共有 7 个起始年龄，可以根据年龄大小选择起始年龄项目进行检查。

表 4-1　S-M 量表的内容

【Ⅰ】

1. 叫自己的名字，能知道是叫自己（自己的名字被叫时，能把脸转向叫自己名字的人的方向）。
2. 能传递东西（给小儿可握住的东西时，能从一只手传递给另一只手）。
3. 见生人有反应（能分辨陌生人和熟人，或见到生人表现出害羞或拘谨的样子）。
4. 能做躲猫猫的游戏（在游戏时，小儿能注视检查者原先露面的方向）。
5. 能拿着奶瓶喝奶。
6. 能模仿大人或兄弟姐妹的动作（如能挥手说"再见"或捂脸说"没有了！没有了！"）。
7. 能用手指抓东西（不是大把抓，而是用大拇指和食指抓起很小的东西）。
8. 能回答"是""嗯"。
9. 在孩子们当中，能高高兴兴地玩耍。
10. 能自己走路。
11. 能说简单的词（能说"爸爸""妈妈""再见"等两三个字的词）。
12. 能拿着杯子自己喝水（不用帮忙，水也不会怎么洒出来）。
13. 能做出引起大人注意的行为（当大人表示"不可以""不行""喂喂"等禁止或制止时，特意表示出让人注意）。
14. 别人给穿衣时，能按照需要伸出手或脚。
15. 能明白简单的命令（能听从"把××拿来！""到××地方去"之类的指示）。
16. 能在纸上乱画（能用蜡笔或铅笔在纸上乱画）。
17. 能抓住扶手自己上楼梯。
18. 能使用勺子自己吃饭。
19. 能和大人拉着手外出（基本上能自己走二三十分钟的路）。

【Ⅱ】

20. 能脱袜子（不借助父母的手，只要提示就可以脱）。
21. 大便或小便后，能告诉别人（不单是哭闹，而是能用动作或语言表示）。
22. 什么事情都想自己独立干（不管会不会干，都要自己干）。
23. 希望拥有兄弟姐妹或小朋友都拥有的相同或相似的东西。
24. 当受到邀请时，能加入游玩的伙伴当中去（跟着伙伴一起游玩）。
25. 能说两个词组成的话（如"去外面！""吃饭"等）。

26. 能区分自己的东西和别人的东西，不随便拿用别人的东西。

27. 当别人说"以后……""明天……"之类的话时，能够等待。

28. 会说日常的客气话（能正确运用"您早！""谢谢！"等两个或两个字以上的词）。

29. 不借助扶手或他人的帮助，能够自己上下楼梯、台阶。

30. 要上厕所时，能告诉别人，并能解下裤子。

31. 能自己洗手（不只是把手弄湿，而是能擦着洗）。

32. 不拉着别人的手，自己也可以在人行道上走路（没有人行道时，则可以在马路边上走）。

33. 能把水、牛奶或橘子汁倒入杯子里（从瓶子倒入杯中，或从一个杯子倒入另一个杯子）。

34. 懂得顺序（能按照大人的指示，等待按顺序轮到自己）。

35. 能帮助做饭前准备工作或饭后收拾工作（按照别人的吩咐把筷子或碗摆在桌子上或收拾吃完后的餐具）。

36. 能自己脱短裤。

37. 能分别说出自己的姓和名（能把姓和名区分开）。

38. 如果上厕所，能自己料理（在白天基本上不会出问题）。

39. 能自己说出所见所闻（能说明身边发生的事情）。

40. 吃饭时能使用筷子吃（能拿住筷子即可以）。

41. 吃饭时，不随便离席。

【Ⅲ】

42. 有想要的东西，经过说服，可以忍耐（如外出买东西时）。

43. 能和小朋友轮流玩玩具，能把玩具借给他人玩，或借他人的玩具玩。

44. 在车子里或人多的地方不撒娇磨人。

45. 能自己到附近的朋友家或游乐场所去（附近的朋友家是指本楼层或本院以外的人家）。

46. 能自己穿脱简单的衣服（如睡衣、毛衣或带纽扣的外衣）。

47. 能自己穿鞋（穿拖鞋不算，如鞋有带，不要求系带，而要求左右脚穿得正确）。

48. 会玩"过家家"的游戏（如做模仿做饭或买东西等游戏时，能扮演其中角色）。

49. 能穿脱一般的衣服（如有小纽扣的、带拉链的或有带子的衣服）。

50. 能自己洗脸（不只是玩玩水，要能擦洗整个脸）。

51. 能粘贴（能用糨糊或胶水粘贴纸）。

52. 能上公共厕所解手。

53. 便后能自己用手纸把大便擦干净。

54. 能懂得划拳决定输赢（如用手表示锤子、剪子、包袱的游戏）。

55. 能遵守交叉路口的交通信号过马路（没有交通信号的地方则注意来往车辆过马路）。

56. 能用剪刀剪出简单的图形。

57. 能在电话中进行简单对话（打来电话时，能拿起电话转交父母，或告诉对方家里没人；如家中没有电话，当家长不在时，能接待来人，说明家长不在，事后能转告给家长）。

58. 能识数字和挑读正楷的字（能识电视频道或钟表的数字，能挑读小人书上的一些字）。

59. 能按照吩咐，自己梳头或刷牙。

60. 洗澡时能自己洗身子（不会洗头也可以）。

61. 能和小朋友交谈在电视中看到的内容（不模仿主人公，而是交谈故事的主要情节）。

62. 能够看着样子画出圆形、三角形和正方形（○△□）。

63. 能玩室内的竞赛游戏（在有年长的孩子或大人参加的情况下，会玩扑克等游戏）。

【Ⅳ】

64. 穿鞋子时不会把左右脚穿错。

续表

65. 能打开小瓶的螺旋样盖子。

66. 能写自己的姓和名。

67. 能熟练地使用筷子（熟练地夹起细小的食物，吃时不会掉下来）。

68. 衣服脏了或湿了，父母不用说自己也会换下来。

69. 能参加躲避球、攻击等规则简单的集体游戏。

70. 能到指定的街上买回花钱不多的东西。

71. 能一个人看家一小时左右。

72. 能把别人（阿姨、老师）的话完整地传达给家里人。

73. 会拧擦布或毛巾（拧到不滴水的程度）。

74. 能独立看并理解内容简单的书（以画为主的书）。

75. 到规定的时间自己主动就寝（不是命令孩子"睡觉去"，但可以提醒他到睡觉的时间了）。

76. 可以步行到距离一公里左右常去的地方。

77. 能系、解带子（单结、复杂结、活结或蝴蝶结等）。

78. 不必由父母带着，可以和小朋友一起去参加地区的活动，如赶庙会、看电影等。

79. 能够完成在班级所承担的任务，如值日、当委员等。

80. 能自己一个人上学。

【Ⅴ】

81. 到别人家里很有礼貌（如在大人交谈时，能保持安静一小时左右）。

82. 不必父母吩咐也会把脱下的衣服收拾好（不是脱下不管，而是放在规定的地方）。

83. 能自己洗澡（也会自己洗头）。

84. 能够根据需要自己打电话。

85. 买书时，能自己选择内容适当的书。

86. 能按照吩咐，自己把房间打扫干净（父母不帮助也能尽力去干）。

87. 能按时按计划行动（能遵守约定的时间，计算乘车所需的时间）。

88. 能小心使用小刀等刃具。

89. 会玩象棋、扑克等规则复杂的游戏。

90. 能识别"禁止穿行马路""危险"等标志，并遵守指示。

91. 能主动给小朋友等人写贺年卡或信，能写出收信人的地址。

92. 能在班会上陈述自己的意见。

93. 会使用锤子和螺丝刀。

94. 能根据需要记下事情或要点（如外出留条，告诉要去的地方，或在记事本上写下必要的事项）。

95. 能就身边的事情写成简单的文章（如日记、作文等，即使几行字的小文章也可以）。

96. 能成为一名成员参加学校或地区的文体等方面的活动。

【Ⅵ】

97. 指甲长了自己会剪。

98. 不必别人提醒，也能静静地把别人的谈话或说明听完。

99. 能够根据天气或当天的活动，自己调换衣服。

100. 能考虑对方的立场或情绪，不增添麻烦，不提无理的要求。

101. 会用辞典查找不懂的词句。

102. 可以放心让其照顾或照管年幼的孩子。

103. 会使用洗衣机、电视机、录音机等家用电器。

104. 能遵守规则打垒球、篮球、足球或乒乓球等。

105. 能储蓄零花钱，有计划地买东西。

106. 自己能乘电车或公共汽车到常去的地方（如会买车票）。

107. 对长辈说话会使用尊敬的词语（如"叔叔好""阿姨好""麻烦您啦""请您"等，不使用平常伙伴之间的粗鲁的话）。

108. 会使用煤气、煤（柴）灶、电气灶烧开水。

109. 能关心幼儿和老人（如在车中自觉地让座等）。

110. 即使是没有去过的地方，如果能说明走法，也能步行到达（步行二十分钟左右的范围内）。

111. 自己会烧水沏茶。

112. 能承担学校的工作（如少先队、班委、班长等工作）。

113. 到常去的地方，即使途中需要换车，也能自己乘电车、公共汽车或地铁去。

【Ⅶ】

114. 喜欢摆上花，贴上画，把自己的房间和教室装饰得很漂亮。

115. 一次得到许多零花钱也不乱花（自己有计划地使用获得的压岁钱、贺礼钱等）。

116. 会缝纽扣。

117. 注意自己的容貌打扮，能根据时间、地点穿着打扮。

118. 能控制自己以免生病（如注意不吃得过饱，稍有不舒服能尽早躺下，不吃不洁食物等）。

119. 能用小刀或菜刀去水果或蔬菜的皮。

120. 能很好地遵守吃饭时的礼节（如不发出响声，不做出不礼貌的姿态，不给人留下不愉快的印象）。

121. 会做简单的饭菜或加热已经做好的饭菜。

122. 相当远的地方也能骑自行车来回。

123. 说话时能考虑对方的立场。

124. 能阅读并理解报纸和小说。

125. 对日常接触的学校和当地的小朋友以外的人事也很关心（如和友人通信，参加兴趣爱好相同的组织等）。

126. 能根据需要，利用乘车的时间表和票价表（指长途汽车或火车时间表和票价表）。

127. 不需要督促，自己也能制订学习计划，并能实施。

128. 关心电视或报纸上报道的消息和新闻。

129. 没有大人的指导，也能集体制订会议、郊游、体育活动等计划，并能付诸实践。

130. 即使是没有去过的地方，也能通过问路或查找地图，独立到达目的地。

131. 自己能恰当地利用交通工具，到达陌生的地方。

132. 会修理简单的电器、家具等（如插口、插座、自行车等）。

（二）测评方法

1. 宣读指导语

测评开始前，应向回答人宣读指导语，"此项检查是为了了解孩子的各种生活能力而进行的，与幼儿园和学校的表现无关。其中有些项目可能不能完成，这是因为孩子还小。请认真考虑孩子的日常表现后，坦率地回答。"

2. 确定回答人

回答人可以是孩子的父母、每天照料孩子的人或经常与孩子接触的老师。

3. 收集受测者的一般信息

首先请填写孩子的姓名、性别、年龄（检查年、月、日减出生年、月、日），所在幼儿园、学校或其他机构的名称及家庭住址。

4. 确定检查的起始年龄

S-M 量表 I 部分针对 6 个月至 1 岁 11 个月婴儿、II 部分针对 2 岁至 3 岁 5 个月幼儿、III 部分针对 3 岁 6 个月至 4 岁 11 个月幼儿、IV 部分针对 5 岁至 6 岁 5 个月儿童、V 部分针对 6 岁 6 个月至 8 岁 5 个月儿童、VI 部分针对 8 岁 6 个月至 10 岁 5 个月儿童、VII 部分针对 10 岁 6 个月以上儿童。

5. 具体测评方法

测评时，首先从相应的年龄阶段开始测评，从该年龄段的第一项开始提问，如连续十项通过，则认为这项以前的项目均已通过，可继续向下提问，直至连续十项不能通过，则认为这以后的项目均不能通过，测评即可结束。如开始十项未能全部通过，应继续向前提问，直至连续十项均能通过，即认为前面项目全部通过，可以继续向后提问。

通过是指孩子大部分情况下对该项目会（基本上会）或认为有机会就会，在结果记录表"是"行列打"√"；不通过是指孩子大部分情况下对该项目不会（不太会）或认为有机会也不会，在结果记录表"否"行列打"×"。

三、结果评定

1. 计算方法

受测者每通过一项计一分，最后合计总得分。根据年龄分组和得分范围，查出相对应的标准分。最后根据标准分，对受测者做出社会生活能力的评价。

SM 结果呈现独立生活能力（SH）、运动能力（L）、作业能力（O）、交往能力（C）、参加集体活动（S）、自我管理能力（SD）各项独立分值、总分和标准分。其中各项独立分值为各年龄阶段通过项目数累计所得，总分为独立生活等 6 项分值累加所得，标准分为参照不同年龄阶段将总分转换所得。

2. 评分标准

程度：标准分≤5 为极重度、标准分＝6 为重度、标准分＝7 为中重度、标准分＝8 为轻度、标准分＝9 为边缘、标准分＝10 为正常、标准分＝11 为高常、标准分＝12 为优秀、标准分≥13 为非常优秀。

🔍 **拓展阅读**

婴幼儿的社会生活能力

6 个月：能听懂自己的名字，认识熟人与生人，自己握足玩。

7～9 个月：两手会传递玩具，能用手抓东西吃，喜欢与大人玩"藏猫猫"游戏。

10～12 个月：能配合大人穿脱衣服，会用奶瓶喝奶，用杯喝水，自己走路，理解简单指令，如"拍手、再见"等。

18 个月：会表示大小便，自己用勺子挖取食物送入嘴里会洒落，懂命令。

2 岁：会用勺子自己吃饭，会模仿做家务，会扶栏杆上下楼梯，会双足跳，会说 2～3 个字的短句。

3 岁：会洗手、洗脸，穿、脱简单衣物，会上厕所，会骑儿童用三轮脚踏车，会自己上下楼梯，能说出 6～10 个词的句子。

备考指南

2019 年育婴师考试试题

不属于培养婴儿生活自理能力的注意事项（　　　）

A. 让婴儿养成自己的事情自己做、不依赖他人的意识

B. 能够采取分解难度、多示范、由简到繁的形式

C. 依据婴儿的年龄特点明确培养目标并强制婴儿完成

D. 婴儿很难配合，家长就要斥责

参考答案：D

四、注意事项

（1）S-M 量表用于评定儿童的适应行为，其结果的可靠性依赖施测者对量表掌握的熟练程度。如果施测者对量表使用得比较熟练，评定比较严格，其评定结果就比较可靠。

（2）每一位施测者要严格按照每项的具体要求评定，即使回答者认为小儿能完成某项目，也要让回答者举例说明该项目的完成情况。对回答者的回答有疑问时应该问其他人。

（3）测评一个婴幼儿大约需要 15 分钟。

（4）智力发育迟缓的诊断要依赖智力测验和行为评定的结果，只有当智力测验 $IQ < 70$ 或 $DQ < 75$，行为评定有缺陷时才能确诊智力发育迟缓，这一点非常重要。智力发育迟缓确诊以后，应进行分级，分级也要依靠这两方面的结果，其中应以行为评定结果为主。

实践运用

豆豆，2 岁 3 个月，入托育机构后适应能力差，不会自己吃饭，有时尿裤子，因此托育机构的老师建议家长带孩子做测评。豆豆的 S-M 量表结果为：SH＝10、L＝3、O＝4、C＝2、S＝2、SD＝1、总分＝22、标准分＝8。作为托育机构的老师，你会怎样解读豆豆的测评结果？又会给家长怎样的建议？

聚焦点：

1. 熟悉 S-M 量表的结果判定：结果显示豆豆的社会生活能力有轻度的发育迟缓。

2. 建议家长根据孩子的异常行为做有针对性的干预训练，如针对"不会自己吃饭"，可以多鼓励孩子练习自己吃饭，过程中家长要注意调节自己的情绪，对孩子的洒落等行为不过度关注。

3. 如果孩子的异常表现一段时间后得不到改善，建议家长带孩子到医院重新测评。

学习效果检测

1. S-M 量表包括哪几部分内容？适用年龄是多大？

2. 使用 S-M 量表施测时，本项测评结束的标志是什么？

3. S-M 量表结果的分度标准是什么？

4. 独立生活能力包括哪些内容？

5. 自我管理能力包括哪些内容？

文本资源

学习效果检测参考答案

学习任务 2
婴幼儿气质量表

学习任务单

项目	内容
学习目标	学习完本任务后，你应该能够： ①了解婴幼儿气质量表的适用年龄。 ②熟悉婴幼儿气质量表的测评内容。 ③掌握婴幼儿气质量表的结果解读。
学习要点	本任务的重点、难点： 婴幼儿气质量表的测评内容及结果解读。
学习建议	学习前： ①完成本任务下的案例导入活动。 ②了解婴幼儿气质的分类。 ③了解哪些因素会影响婴幼儿的气质。 学习中： ①完成本任务中相关的互动活动。 ②了解不同年龄婴幼儿应选择哪种气质量表进行测评。 学习后： ①完成本任务后相关的学习效果检测。 ②有条件的话，进行实际操作，对某个婴幼儿的测评结果进行初步解读，能对家长进行合理化的指导和建议。
学习运用	你觉得在哪些工作场景中可以运用到本任务所学内容？（请填写）
学习反思	请记录你在学习过程中的相关思考。（请填写）

案例导入

悠悠今年 3 岁，父母刚把她送进托儿所。这天，悠悠妈妈向老师询问悠悠在托儿所的表现，老师向悠悠妈妈反映："我们托儿所每天都是定点吃饭、睡觉，每顿饭的量差别不大，每天菜式也不一样，但是悠悠每天吃饭、睡觉都不定时，总是该吃饭的时候不饿，然后都开始睡午觉了吵着要吃东西，而且还比较挑食，没有想吃的菜时会大哭，闹得厉害。不过这可能跟悠悠的气质类型有关，她应该属于难养型。没事，我们也在慢慢引导悠悠，相信会慢慢变好的，悠悠妈妈别太担心！"悠悠妈妈听了老师的话，立马接话说："是的，悠悠在家里也是这样，但是我们一直想着孩子小，想着可能孩子都是这样，也没有在意。哦，原来，这跟孩子的气质类型有关系。"

那么，什么是气质？气质有哪些类型？难养型气质的孩子又有什么特点呢？下面，我们就来一起学习吧！

所谓气质，是孩子出生后最早表现出来的较为明确而稳定的人格特征。气质类型及其发展特征在孩子社会化发展过程中具有重要的地位和作用，对了解和预测孩子的个性发展和社会相互作用具有重要的指导意义。气质是先天的，没有好坏之分，但是每一个孩子一生下来就有气质的个体差异，不同气质的孩子需要不同的照护方式，具体请看拓展阅读。

拓展阅读

婴幼儿常见气质类型分类

婴幼儿气质类型可分为启动缓慢型、难养型、易养型、中间型（中间偏易养型、中间偏难养型）。

1. 启动缓慢型

特点：该类型婴幼儿日常活动变化较大；睡眠、进食、大小便等生理节律要经过一段时间后才能规律，如睡眠和大小便习惯养成较慢；对周围环境的变化适应慢，在探究外界环境时最初往往表现为退缩，一段时间后才能慢慢适应；与人接触的最初阶段往往消极、被动，但在养育或带领的过程中，照护者不觉得有太大的困难和麻烦。

积极方面：冷静、感情深沉、实干；

消极方面：淡漠、缺乏自信、孤僻；

指导意见：照护者要有耐心，应给孩子留出充分考虑问题并做出反应的时间。

2. 难养型

特点：该类型婴幼儿的活动内容、活动水平和活动量不断变化；睡眠、进食、大小便等生理节律不规律，如入睡困难、要追着喂饭；对周围人和环境的适应性差，很难主动去探索新环境；对外界刺激的反应强烈，不容易与人接触和交往，容易与其他婴幼儿产生冲突；与人接触、交往过程中消极情绪较多，如不高兴、烦躁、不合作；养育或带领过程中，照护者常常觉得困难。

积极方面：敏感、情感丰富；

消极方面：任性、适应能力差、爱发脾气；

指导意见：帮助孩子练习抑制自身情绪变化的反复无常，鼓励并培养孩子迅速适应环境的能力。

3. 易养型

特点：该类型婴幼儿日常活动水平适中，活动无明显增多或减少；睡眠、进食、大小便等生理节律很规律，睡眠和大小便习惯很容易养成；对周围环境的适应能力很强，不会有过强或过弱的反应；该婴幼儿容易接触，在与成人或其他婴幼儿的交往过程中积极的情绪反应较多；养育或带领过程中，照护者不觉得困难。

积极方面：随和、适应性强、性格开朗；

消极方面：做事轻率、感情不稳定；

指导意见：多分配任务，培养其踏实、专一、克服困难的品格。

4. 中间型

特点：该类型婴幼儿日常活动量适中，活动水平与其他婴幼儿无差异；睡眠、进食、大小便等生理节律有一定的规律；对来自体内外的刺激反应适中，不会有激烈的反应也不会反应迟钝；在新环境中有一定程度的探究行为，探究新鲜或陌生的事物；一般情况下，不会表现出较明显的退缩行为，与其他婴幼儿可以友好相处，但难免出现合作不愉快的情况；在养育或带领过程中，照护者不觉得非常困难。

不同气质类型的婴幼儿会有不同的表现，如难养型婴幼儿适应慢，比较容易出现烦躁情绪，而易养型婴幼儿能轻松接受新事物、新环境，性格乐观、开朗。气质无所谓好坏，每一种气质类型各有优缺点，在环境因素的影响下，气质有可能发生一定的变化。养育得当，难养型婴幼儿或许会变得容易抚养；养育不当，易养型婴幼儿也会导致麻烦不断。因此，应根据婴幼儿不同气质类型的特点进行培养，才能对婴幼儿的发展起到积极的促进作用。

一、早期婴儿气质量表

（一）适用年龄和作用

早期婴儿气质量表（Early Infancy Temperament Questionnaire，EITQ）适用于1～4个月的婴儿（即出生后满1个月至满4个月的婴儿），共计76个条目。EITQ由凯莉（Carey）和麦克德维特（McDevitt）等人设计，由邹小兵、宁方芹等人引入并进行了适合中国本土化的修订和标准化。评价婴儿气质有助于儿科医生、托育及早教工作人员、老师和家长全面了解婴儿的心理特征，对婴儿的抚养教育、行为问题的判断和指导很有意义。

（二）测评内容和方法

1. 测评内容

EITQ量表内容包含9个维度，即活动水平、节律性、趋避性、适应性、反应强度、情绪本质（又称心境）、注意分散度（又称分心度）、坚持性（又称持久性）、反应阈。每份问卷的测评时间20～30分钟。对这9个维度的具体解释如下：

（1）活动水平：指动作数量的多少或快慢。

（2）节律性：婴儿日常生活中生理特点的规律性，如饥饿、睡眠、排便等有无规律。

（3）趋避性：指婴儿面对陌生人或新事物时，最初的反应是亲近还是退缩。

（4）适应性：婴儿是否容易适应新环境。

（5）反应强度：表达情绪的能力水平，如哭声或者笑声的大小。

（6）情绪本质（心境）：指婴儿平时主要的情绪表现是积极的（愉快、友好）还是消极的（不愉快、不友好）。它是婴儿天性的一部分，有时外在表现与内心感受可能不一致。

（7）注意分散度（分心度）：注意力受外来干扰而分散的容易程度。

（8）坚持性（持久性）：指婴儿集中注意力在某件事情上时间的长短。

（9）反应阈：引起婴儿注意或者反应的最小刺激量，通俗地讲，即婴儿是否敏感。

　　节律性、趋避性、情绪本质、反应强度和适应性是气质分型的主要维度，其中反应强度是判断婴儿难养型气质类型必不可少的指标。EITQ 具体内容见表 4-2。

表 4-2　EITQ

姓名：_____　性别：___　出生日期：_____　填表日期：_____						
填表人姓名：_____　填表人与孩子关系：_____　电话：_____						
（1 从不　2 偶尔　3 很少　4 有时　5 经常　6 总是）						
项目	1	2	3	4	5	6
1. 两次喂乳之间，被妈妈抱在怀里，能安静地躺着（身体很少扭动）。						
2. 每天在大约相同的时候烦躁（如上午、下午、晚上）。						
3. 到新的地方或环境中（如从未去过的商店或别人家中），最初的几分钟内会显得不安。						
4. 任何时候给他/她洗脸，都能够接受而不会拒绝。						
5. 饿了的时候就大声哭闹，而不是小声啜泣。						
6. 若让他/她醒时单独待着，就会大声哭闹。						
7. 能持续好几分钟地反复发声（咕咕声、咿呀声等）。						
8. 换尿布时，虽用了种种办法（如唱歌、轻拍等）分散其注意，但仍然显得烦躁不安。						
9. 当尿布被大便弄脏时，会显得不舒服（吵闹不安或扭动身体）。						
10. 每天给他/她梳头时变得安静，很少乱动。						
11. 每晚在大约相同的时候睡觉（相差在半小时内）。						
12. 第一次被放到别的地方睡觉时，会显得不安（哭泣、身体乱动）。						
13. 拒绝梳头（身体扭动、推开或躲避）。						
14. 要睡觉时会哭得很厉害。						
15. 洗脸时表现得很愉快（发出咕咕声、微笑）。						
16. 能持续盯着汽车或玩具看至少 5 分钟。						
17. 无论怎样努力分散他/她的注意（对其唱歌或讲话），都仍拒绝穿衣服或脱衣服。						
18. 即使轻轻地触摸一下身体也会有反应（吓一跳、大笑或身体扭动）。						
19. 穿衣服和脱衣服时动得很好（踢腿、摇晃胳膊、身体扭动）。						
20. 每天在大致相同的时候要吃奶（相差 1 小时之内）。						
21. 如果不是主要的抚养者来照看就要反抗（如哭闹、烦躁）。						
22. 在两三天内就能适应睡觉时间的改变。						
23. 穿衣服或脱衣服时表现出强烈的情绪反应（使劲地笑或哭）。						
24. 洗澡时显得烦躁不安（哭闹或皱眉）。						
25. 换尿布时会一直盯着大人看。						
26. 若洗澡时烦躁，则不管如何哄（如讲话、唱歌）都不能使其安静下来。						

续表

项目	1	2	3	4	5	6
27. 对光线的突然改变（如开灯）有反应（吓一跳或凝视光源）。						
28. 洗澡时能安静地躺着（很少踢来踢去，把水泼得到处都是）。						
29. 每天早晨醒来的时候变化很大（相差1小时以上）。						
30. 被陌生人抱时，会转过头去找妈妈。						
31. 在两三天内就能适应睡觉地方的改变。						
32. 换尿布时情绪表现强烈（使劲地笑或哭）。						
33. 被放下来睡觉时会表现得烦躁（哭泣或不安）。						
34. 换衣服时会一直盯着大人看。						
35. 饿了哭时抱起来哄哄，一分多钟就能停止哭泣。						
36. 对突然的大声有反应（吓一跳、哭泣等）。						
37. 醒着的时候躺在小床中动得很厉害（身体扭动、踢腿）。						
38. 每天白天何时小睡的时间不一定（相差1小时以上）。						
39. 在新环境中不好好吃东西（显得烦躁）。						
40. 如换人为其洗澡，即使尝试两三次后，仍表现出抗拒的样子（如烦躁、身体扭动）。						
41. 醒来时不安静（发出很大声音）。						
42. 若吃东西时打嗝则显得烦躁（哭泣、不安）。						
43. 当父母讲话或唱歌时，能持续盯着父母的脸看5分钟以上。						
44. 梳头时若烦躁不安或身体乱动，用一些办法可以分散其注意（如唱歌、轻轻拍拍）。						
45. 能注意到旁边屋里的音乐或声音（安静下来、转过头去）。						
46. 换尿布时动得很厉害（踢腿、摇晃胳膊、扭动身体）。						
47. 每天不定时地（相差1小时以上）要加一顿餐。						
48. 能很快接受一次喂养时间的改变。						
49. 拒绝日常喂养时间的改变（相差1小时或更长），即使尝试了2次后仍不能接受。						
50. 当尿布被大便弄湿时就大哭。						
51. 醒来时能安静地躺着，发出愉快的声音。						
52. 将头转向正在说话的人，持续至少5分钟。						
53. 入睡时能被安抚（如拍拍、摇摇）。						
54. 能注意到抚养者的更换（有不同的反应）。						
55. 进食时动得很厉害（扭动身体、踢腿、摇晃胳膊）。						
56. 进食时，每次在相同的时间里（如10分钟内）所吃的量差不多。						
57. 每天无论在何时洗澡都不会拒绝。						

续表

续表

项目	1	2	3	4	5	6
58. 大便时会哭泣。						
59. 与父母玩耍时，盯着父母的脸看不到一分钟。						
60. 受到惊吓时，即使哄了好几分钟（抱着或拍拍）仍不停地哭泣。						
61. 一旦屋中有其他声响或活动，注意力便从父母身上转移到该处。						
62. 剪指甲时能安静地躺着。						
63. 每天活动量最多的时候不定（如上午、下午、晚上）。						
64. 拒绝定期剪指甲（扭动身体、烦躁）。						
65. 剪指甲时微笑或发出咕咕声。						
66. 能在摇篮中自己玩耍至少 15 分钟（如盯着娃娃或玩具看）。						
67. 在婴儿车或其他车中，能注意到突然的运动或颠簸（如吓一跳）。						
68. 每天白天小睡的时间长度相差较多（相差半小时以上）。						
69. 拒绝日常的穿衣服或脱衣服（扭动身体、烦躁）。						
70. 洗头发时微笑或发出咕咕声。						
71. 无论尿布干还是湿，婴儿的举动都一样。						
72. 大便的时间每天大致相同（相差 1 小时内）。						
73. 接受日常的洗屁股。						
74. 看见妈妈时反应积极（微笑或发出咕咕声）。						
75. 对洗澡水温度的变化有反应（如惊吓）。						
76. 进食后要烦躁几分钟。						

2. 测评方法

问卷所列项目都可由"从不"到"总是"6 种尺度来衡量，请最了解孩子的照护者填写，找出最符合受测婴儿的选择，然后请照护者在相应的项目后写上对应的数字。要提醒照护者如果受测婴儿现在的行为方式与过去有很大不同，则根据最近时期最能代表受测婴儿特点的行为选择；有些题目看起来相似相近但并不完全相同，请独立评价；每一题都请回答，若有题目对受测婴儿不适用，请在旁边注明；答题时请勿思考太久，若无法快速做决定就先跳过，答完其他问题后再回来填写。

（三）结果评定

"从不""偶尔""很少""有时""经常""总是"分别对应着 1、2、3、4、5、6 分。各维度分别对应数目不同的项目，将各维度项目得分相加取平均值即得到该维度的得分。活动水平维度分高，婴儿的活动水平偏高；节律性维度分高，婴儿的节律性偏低；趋避性维度分高，婴儿较易退缩；适应性维度分高，婴儿的适应性较弱；反应强度维度分高，婴儿反应越强烈；情绪本质维度分高，婴儿越消极；注意分散度维度分高，婴儿注意较易分散；坚持性维度分高，婴儿的坚持性较低；反应阈维度分高，婴儿的反应阈较低。研究者可根据各维度得分的高低判断受测婴儿气质各维度的状态并提供相应的指导建议（具体见表 4-3）。

表4-3 气质的维度状态及指导建议

维度	状态	指导意见
活动水平	偏高	消极方面：有时会影响一些事情的完成或妨碍他人。 积极方面：显得有朝气，有探索性，接受外界信息量多。 指导意见：活动水平高的孩子，从小就会表现得比较多动，而误诊为注意缺陷/多动障碍的可能性也比较大，同时他们也是让老师比较头疼的一类孩子。家长可以要求他们在需要安静时保持一定时间安静，但时间不能过长，以同龄孩子一般标准为限。
	偏低	消极方面：完成任务慢，易被说成懒惰。 积极方面：在受限制的环境中很少惹麻烦，安静，做事仔细。 指导意见：家长要更耐心，不要因为他们行动缓慢而加以指责，更不要代替他们做事，同时要适量增加他们的户外运动量。
节律性	偏高	消极方面：显得刻板，环境变化时易出现适应困难。 积极方面：小时候易抚养，长大后日常生活和学习比较有条理、有计划。 指导意见：不必刻板地按他们的规律做，可偶尔打破规律，在不规律的环境中按实际情况安排活动，逐步训练其适应生活变化的能力。
	偏低	消极方面：不易被大人掌握，日常抚养有一定麻烦，尤其在1岁以内，因为生活极没规律，很容易让年轻的父母疲惫不堪。 积极方面：不易产生适应困难。 指导意见：从幼儿期起就要逐步建立适当的生活规律，如在该吃饭的时候要准时吃饭，该睡觉的时候要准时睡觉。
趋避性	较易接近	消极方面：容易接近不良事物或人而易受到不良影响。 积极方面：愿意接受新的东西，见人"自来熟"。 指导意见：幼儿期起就应该注意教导他们明辨是非，避免接近不良事物。
	较易退缩	消极方面：不易加入团体，对新事物易回避。 积极方面：在有害环境中谨慎，不易接受陌生人或新事物。 指导意见：多为他们创造接触新事物的机会，多鼓励他们接受新事物，过程中注意不要强迫他们接受陌生人或新事物，要耐心引导，如提前告之即将面临的事情，这些事情会带来什么好处。
适应性	较强	消极方面：有在不良环境中易接受不良嗜好的危险。 积极方面：多表现为长处，在多数情况下是个宝贵的特点，值得鼓励。 指导意见：让他们多接触有意义的事情，注意适应对象的选择、所接触的内容或人是否有不良的影响。
	较弱	消极方面：不容易调节自己的行为适应环境的变化，不过，一旦度过了适应期也能做得很好。 积极方面：不易接受不良事物的影响。 指导意见：经常带他们去没有去过的地方，让他们适应新的场景。避免在他们没有思想准备的情况下强迫他们适应新环境，如添加一种新食物要由少到多，反复多次尝试，直到他们完全适应。

续表

维度	状态	指导意见
反应强度	较强烈	消极方面：易哭闹而令人烦恼，并可能夸大事实。 积极方面：容易引起他人的注意得到更多的关注。 指导意见：在他们哭闹时不要急于表态，采用分散注意和"冷"处理的方法，耐心等待他们情绪的平复，以平静的语气向他们表明态度、讲道理，同时暗中留意以免发生意外。
	较弱	消极方面：由于不能充分表达自己的需要和感受而容易被忽视，得不到应有的关注。 积极方面：比较容易抚养，易相处。 指导意见：要注意他们强烈的渴望和兴趣可能表现出来的缺失，如他们说什么地方痛就要认真对待，鼓励他们以恰当的方式表达自己的感受和需求，避免否定、拒绝他们。
情绪本质	较积极	消极方面：因过于乐观、评价过高而出现麻烦。 积极方面：受人喜欢，对人、对事的态度都比较积极，不容易消沉。 指导意见：需要教给他们与年龄水平相适应的社会道德、安全规范以及保护措施，指导他们对事物做出恰当的评价，以免对危险或不良事物也做出过高的"积极"判断。
	较消极	消极方面：总是愁眉苦脸，父母容易觉得他们有把小问题夸大的倾向。 积极方面：可能引起父母更多的关注或关心。 指导意见：要避免指责，了解他们表达情感的方式，如以什么样的方式表达同意或不高兴，采取适当的方式鼓励他们积极情绪的表达。
注意分散度	较易分散	消极方面：可能对父母的重要信号或警告信号没反应，上学后会影响学业表现。 积极方面：婴幼儿期容易抚慰。 指导意见：要多提醒他们不要在做一件事情的时候忽略其他事情。上学前应逐步提高他们的注意力，应结合他们的兴趣进行适当的注意训练。
	不易分散	消极方面：注意力集中时很难哄。 积极方面：长大后做事效率高，学业表现好。 指导意见：过于关注一件事容易忽略周围的事，尤其是重要的事。在他们做一件事而忽视其他事情时应多提醒他们。
坚持性	较高	消极方面：显得固执、任性。 积极方面：遇到困难不容易放弃，有锲而不舍的精神，能较好地完成任务并取得好的学业表现。 指导意见：坚持性过高时，如果所坚持的事情是不合理的，也一定要坚持说服他们放弃。当他们正在做的事情一定要被打断时，需要经常提醒。因此要注意培养他们自己估计完成事情时间的能力，让他们练习对不同的事情合理安排时间。

续表

维度	状态	指导意见
坚持性	较低	消极方面：遇到挫折容易放弃，学习效率低。 积极方面：容易听从别人的劝告，放弃不应做的事情，易于抚养教育。 指导意见：重视他们做事的质量和完成的程度，而不是做事的方式。坚持让他们完成应该完成的事情，并达到一定的要求，过程中可以短暂休息。
反应阈	较高	消极方面：较不敏感，忽略很多变化或遗漏一些有用的信息，不善于判断别人的表情或态度。 积极方面：有不怕痛、不在乎大声、胆大等长处。 指导意见：要及时弥补遗漏之处，加强安全和社会规范教育，如过马路时注意交通安全。他们的安全教育应该成为父母教育的头等大事。
	较低	消极方面：较敏感，小的时候容易出现睡眠困扰，稍大后又容易胆小。 积极方面：善于察觉细微的变化、察言观色。 指导意见：避免突然的兴奋刺激或强刺激（如大声、强光等）。家长应以他们的感受为准，逐渐提高他们对感觉的耐受性，肯定他们积极的方面，如富有同情心。

（四）注意事项

ETIQ 应由最了解婴儿的照护者填写。施测者要提前准备好时间，测评过程中不要打断。开始测评前，施测者要保证周围环境足够安静，以便测评在无其他干扰因素影响下进行。

二、中国 4～8 个月婴儿气质量表

（一）适用年龄和作用

中国 4～8 个月婴儿气质量表（Chinese Infant Temperament Scale, CITS）作为国内第一套适合考察婴儿气质特征的量表，是国内专家以凯莉等人的修改版婴儿气质问卷（Revised Infancy Temperament Questionnaire, RITQ）为蓝本进行适合中国本土化的修订和标准化后编制而成的，目前已广泛应用在婴幼儿教育领域多年。CITS 适用于我国 4～8 个月的婴儿，由 95 个问题组成。这些问题代表婴儿日常生活中的行为方式，由家长针对这些项目以 6 个分级对婴儿进行评分。预计测评时长为 25～30 分钟。

（二）测评内容和方法

CITS 测评内容和方法可参考 EITQ。CITS 量表内容见表 4-4。

学习笔记

表 4-4　CITS

姓名：_____	性别：___	出生日期：_____	填表日期：_____
填表人姓名：_____	填表人与孩子关系：_____		电话：_____

（1从不　2偶尔　3很少　4有时　5经常　6总是）

项目	1	2	3	4	5	6
1. 孩子每天约吃同样数量的固体食物（半两以内）。						
2. 孩子醒来或入睡时有些烦躁（如皱眉、哭）。						
3. 玩一个玩具不会超过1分钟然后就会寻找另一个玩具或做其他活动。						
4. 在看电视或其他类似活动时能安静地坐着。						
5. 能很快接受喂养人姿势或喂养地方的任何变化。						
6. 剪指甲时孩子不反对。						
7. 当饿了哭喊时能用抱起他、给奶嘴或围嘴使其停止哭泣1分钟以上。						
8. 对一个喜爱的玩具可持续玩10分钟以上。						
9. 在一天的任何时间给孩子洗澡，他都不会反抗。						
10. 可带着淡淡的表情（喜欢的或不喜欢的）安静地吃饭。						
11. 当尿布被大便弄脏后孩子有不舒服的表现（如大喊大叫或扭动不安）。						
12. 孩子洗澡时能安静地躺在澡盆里。						
13. 每天约在同一时间里想吃或吃奶（时间变动在1小时以内）。						
14. 在第一次碰见新的小朋友时会害羞（如转过身或投向妈妈）。						
15. 尽管用游戏、玩具或唱歌来努力转移其注意力，孩子在换尿布时仍会感到不舒服。						
16. 在婴儿床上或围栏中能自己玩半小时或以上（如看风铃或玩玩具）。						
17. 在换尿布或穿衣服时孩子动得很厉害（踢、抓、扭动）。						
18. 吃饱后会坚决不再吃额外的食物或牛奶（如吐出、紧闭嘴巴、击打勺子等）。						
19. 即使做了两次尝试，孩子仍然不愿变动吃饭的时间（变动1小时或更多）。						
20. 孩子每天在不同的时间大便（相差1小时以上）。						
21. 有人经过身边时孩子会停下游戏并观看。						
22. 当玩喜爱的玩具时，孩子会忽视身边的说话声或其他普通声响。						
23. 换尿布或穿衣服时孩子会有愉快的笑声（如咯咯笑、微笑、发笑）。						
24. 孩子能迅速接受新食物并很快咽下去。						
25. 孩子看小朋友们游戏不超过1分钟就看其他的地方。						
26. 对明亮的光线（如闪光灯或打开窗帘让阳光进来）产生较轻微的反应（仅眨眼或稍有吃惊）。						
27. 第一次去陌生地方（如朋友家、商店）孩子很愉快（微笑）。						
28. 每天晚上大概在同一时间瞌睡（相差半小时以内）。						
29. 任何时候都会接受一系列日常生活步骤（如洗头、洗澡等）而不反对。						
30. 父母带孩子出门旅行或散步，孩子能安静地坐在座位上（或者仅有小的扭动）。						

续表

项目	1	2	3	4	5	6
31. 孩子对新的临时保姆的最初反应是拒绝（如哭或转向妈妈等）。						
32. 学一项新本领时孩子能持续许多分钟（如翻身、捡东西等）。						
33. 醒着躺在小床上时活动量很大（如扭动、弹起、踢等）。						
34. 即使试了两三次，孩子仍然拒绝在新地方或由不同的人给他洗澡。						
35. 孩子每次喝的奶量均不同，无法预知（每次差别超过 1 两）。						
36. 在一个新环境里孩子在最初几分钟会感到烦躁不安。						
37. 孩子会注意到（仔细地看）妈妈外表或服饰的变化（如发型或不熟悉的衣饰）。						
38. 对喜欢或不喜欢的事物都反应强烈（如喜欢时咂嘴、发笑、扭动，不喜欢时哭）。						
39. 在梳头或洗脸时，孩子表情愉快（如惊喜、微笑）。						
40. 即使安慰数分钟孩子仍会持续地哭。						
41. 想要拿到够不着的玩具时，孩子会尝试两分钟或更久。						
42. 拿到新玩具时会发出很大的声音或伴有丰富的表情（不管喜欢或不喜欢）。						
43. 孩子主动地与家长玩耍，四肢和身体活动量很大。						
44. 即使手上已经拿着一个玩具仍会注意到其他玩具。						
45. 在家里孩子一开始就能接受陌生的来访人。						
46. 孩子午睡的时间每天都不同（相差 1 小时以上）。						
47. 孩子能无反应地继续进食不同口味和硬度的固体食物。						
48. 单独留下玩耍时要哭闹。						
49. 10 分钟内就能适应一个新环境（如家、商店、游乐场）。						
50. 每天午睡时间基本相同（相差半小时以内）。						
51. 喂饭时孩子的身体和四肢乱动（如扭动、脚踢、手抓）。						
52. 对光线的突然变化（如闪光灯或开灯）有反应（如凝视或吃惊）。						
53. 闹瞌睡时可用谈话或游戏使其安静下来。						
54. 换衣服或尿布时表情丰富（如大哭或大笑）。						
55. 孩子睡觉很安稳，醒来时还在原来的地方。						
56. 孩子能在一两天之内很快适应睡觉时间或地点的变化。						
57. 孩子对牛奶的温度、品牌及果汁代用品的更换有反应。						
58. 孩子一次看电视能坚持 5 分多钟。						
59. 孩子在弄脏尿布烦躁时可用抱起他、逗他看电视的方式使他安静几分钟。						
60. 每天想要吃固体食物的时间大概相差不超过 1 小时。						
61. 在临时中断喂奶或食物时，孩子仍然知足（如微笑）。						

续表

项目	1	2	3	4	5	6
62. 孩子会在几分钟内接受更换洗澡地方或给他洗澡的人。						
63. 打针时孩子哭喊不会超过 1 分钟。						
64. 哭闹时身体运动幅度很大（如踢腿、挥胳膊）。						
65. 孩子对同一天中几次听到的噪声（如钉钉子声、狗叫声）都一直有反应。						
66. 当食物的硬度、口味或温度改变时，孩子一开始就表现出退缩行为。						
67. 每天早上醒来的时间相差很大（相差 1 小时以上）。						
68. 尽管父母努力用游戏或变戏法去分散注意力，孩子仍抗拒不喜欢的事物或药物。						
69. 对一个人轻微的触摸有反应（如惊跳、扭动、发笑、叫喊）。						
70. 对陌生人反应强烈、发笑或叫喊。						
71. 能主动抓握或触摸能够着的东西（如头发、勺子、眼镜等）。						
72. 能吃进提供给他的任何食品，似乎不去注意它们的差别。						
73. 孩子每天大约在同一时期体力活动量最大。						
74. 第一次在陌生地方睡觉时觉得烦躁（如哭喊、扭动）。						
75. 遇见熟悉的人反应轻微（如微笑或没有反应）。						
76. 患感冒或腹泻时孩子会一直烦躁、情绪不稳定。						
77. 孩子想要得到一次加餐的时间，每天不同。						
78. 见到陌生人 15 分钟后仍感到害怕。						
79. 玩玩具时能安静地躺着，仅有轻微的挪动。						
80. 剪指甲和梳头时哭闹，可以通过游戏、唱歌、看电视等使他安静。						
81. 受到小的伤害时仍保持愉快和平静（如碰了一下、捏了一下）。						
82. 医生看病时孩子一开始就能接受（如微笑、惊喜）。						
83. 尽管把最喜欢的食品和不喜欢的食品混在一起，孩子仍然对不喜欢的食品有反应。						
84. 能安静地玩玩具（如有小声说话或其他声响）。						
85. 每天烦闹时间大概相同（早上、下午或晚上）。						
86. 当给孩子进行常规生活活动时，他会安静地躺着。						
87. 喝奶时如果听到异样的声音（如电话铃声或门铃声）他会停止吸吮并张望。						
88. 与父母玩游戏时孩子的注意力仅会持续 1 分钟。						
89. 孩子能安静地洗澡，不管喜欢或不喜欢仅有轻微的表示（如微笑或皱眉）。						
90. 对一种新食品需要有三次以上的引导孩子才能接受。						
91. 对任何新的护理操作孩子一开始的反应都是拒绝（如第一次理发、吃新药等）。						

续表

项目	1	2	3	4	5	6
92. 对尿布是湿是干都没有反应。						
93. 医生检查身体时会烦躁或哭喊。						
94. 只需一两次品尝就能接受固体食物的变化（类型、量、时间）。						
95. 孩子自己玩时运动量很大并持续数分钟以上（如踢腿、挥胳膊、蹦跳）。						

（三）结果评定

CITS 结果评定可参考 EITQ。

（四）注意事项

（1）施测者要注意提前确定好测评时间，保证测评环境安静、无干扰，测评过程中避免打断填写者。

（2）填写者应是最了解受测婴儿的抚养人（或主要照护者）。开始测评前，施测者要注意提醒填写者根据婴儿经常性的和近 4~6 周的行为表现打分，打分过程中只考虑自己的印象和观察即可，要孤立地看待每个项目，尽量选极限值评分。

三、中国 1~3 岁幼儿气质量表

（一）适用年龄和作用

中国 1~3 岁幼儿气质量表（Chinese Toddler Temperament Scale，CTTS）作为国内第一套适合考察幼儿个性心理发展的量表，是国内专家根据美国富拉德（Fullard）等人设计的 1~3 岁幼儿气质量表（Toddler Temperament Scale，TTS），进行了适合中国本土化的修订和标准化后编制而成的。CTTS 适用于 1~3 岁的幼儿，由 97 个问题组成。这些问题代表幼儿日常生活中的行为方式。由家长针对这些项目，以 6 个分级对孩子进行评分。

（二）测评内容和方法

1. 测评内容

CTTS 内容包括 9 个维度，具体见 EITQ，CTTS 量表具体条目见表 4-5。

表 4-5　CTTS

姓名：＿＿＿＿　性别：＿＿＿　出生日期：＿＿＿＿＿＿　填表日期：＿＿＿＿＿						
填表人姓名：＿＿＿＿　填表人与孩子关系：＿＿＿＿　电话：＿＿＿＿＿＿						
（1 从不　2 偶尔　3 很少　4 有时　5 经常　6 总是）						
项目	1	2	3	4	5	6
1. 每天晚上孩子约在同一时间入睡（相差半小时以内）。						
2. 在应保持安静的生活中，孩子坐立不安（如讲故事、看娃娃书）。						
3. 不管对食物喜欢还是不喜欢，孩子都能安静地进食。						
4. 首次来到陌生的环境，孩子表现愉快（如微笑、笑）。						
5. 初看病时，孩子就能与医生合作。						

项目	1	2	3	4	5	6
6. 和父母游戏时，孩子只能保持大约 1 分钟注意。						
7. 孩子每天大便不定时（相差 1 小时以上）。						
8. 孩子在睡醒时表现不耐烦（如皱眉头、抱怨、哭）。						
9. 接触新保姆，孩子最初表现不愿意（如哭、抱紧母亲）。						
10. 对他不喜欢的食品有情绪反应，即使这些食品中混有他喜欢的。						
11. 接受盼望的食品或活动时（如小吃、礼品、被款待）要踟蹰几分钟。						
12. 给孩子穿衣服时，他是安静的。						
13. 尽管室内喧闹，孩子仍能持续从事某一项活动。						
14. 孩子对失败表现出强烈反应（如大哭、踩脚）。						
15. 对于喜爱的玩具，孩子可持续玩 10 分钟以上。						
16. 进食时孩子不在乎食物的冷、热。						
17. 孩子每天睡前要吃东西的时间不同。						
18. 孩子能安静地坐着等候食品。						
19. 受表扬后孩子容易激动（如大笑、大叫、跳跃）。						
20. 孩子会因跌倒或磕碰哭叫。						
21. 孩子能接近并且同陌生的小动物玩（如小狗、小猫）。						
22. 当有人从身边走过，孩子会停止吃饭并抬头张望。						
23. 孩子分不出常用饮品的味道（如各类牛奶、各种果汁）。						
24. 到新地方时，主动到处活动（如跑、跳、攀登）。						
25. 大便后擦屁股时，孩子大惊小怪或抱怨唠叨。						
26. 生人逗孩子玩时，孩子微笑。						
27. 母亲进屋时，孩子暂停游戏，抬头注视母亲。						
28. 孩子可连续 1 个多小时看书或图画。						
29. 孩子对挫折反应强烈，如痛苦地喊叫、大吵大嚷。						
30. 孩子每天进餐时吃大约等量的固体食物。						
31. 孩子在饥饿和等待准备食物时能保持愉快情绪。						
32. 孩子在洗脸时不反抗（如扭动、脸转向另一边）。						
33. 孩子每餐喝奶或果汁的量无法预测（相差 50 毫升以上）。						
34. 孩子做体力活动超不过 5 分钟（如跳跃、攀登）。						
35. 吃饭后孩子不肯再吃（如吐出、紧闭嘴巴、打勺子）。						
36. 孩子在室内玩玩具时精力充沛（如敲击、跑动、抛掷）。						
37. 孩子玩喜欢的玩具时不在乎吵闹。						

续表

项目	1	2	3	4	5	6
38. 孩子在家能接近并走向新客人。						
39. 孩子在外面时不在乎天气的冷、热。						
40. 孩子跟其他小孩玩不到 5 分钟就会到别处去。						
41. 尽管有分心的声音（如门铃声、汽车鸣笛声）仍能继续看书。						
42. 孩子每天在不同时间吃点心（时间相差 1 小时以上）。						
43. 让孩子白天睡午觉或晚上睡觉，他都是愉快的。						
44. 离开父母到新环境需要几天的适应时间（如上幼儿园）。						
45. 孩子能立即和医生搭话（发音）。						
46. 当孩子不能完成一个游戏时反应强烈（如哭、大叫）。						
47. 孩子喜欢带跑跳的游戏胜过坐着玩的游戏。						
48. 孩子能注意到衣服湿了并想立即换下。						
49. 孩子得了感冒或腹泻后很烦恼，情绪波动大。						
50. 孩子看喜欢的电视节目时不理会父母的第一声呼唤。						
51. 孩子在 1 小时之内就对新玩具、新游戏失去兴趣。						
52. 孩子跑着去他想去的地方。						
53. 在新地方头几分钟是小心翼翼的（如拉着母亲的手，躲在母亲身后）。						
54. 孩子每天在不同的时间午睡（相差超过半小时）。						
55. 孩子的游戏被父母中断后反应轻微（如皱皱眉、笑一笑）。						
56. 给孩子穿衣服或脱衣服时，孩子能配合。						
57. 孩子在外面跟陌生成人走。						
58. 在跟父母散步时孩子跑在前面。						
59. 孩子每天在同一时间精力最旺盛。						
60. 孩子可被哄着不做被禁止的事情。						
61. 当有人从身边走过时，孩子停止游戏并看着他。						
62. 在打断一会儿后（如吃点心、上厕所）孩子仍能继续前面的活动。						
63. 当遇见另外的小孩时，孩子会对他笑或微笑。						
64. 在看电视或听音乐时，孩子能静静地坐着。						
65. 在严厉惩罚一两次后，孩子能避免重复错误行为。						
66. 尽管外面突然有声响（车喇叭声），孩子仍继续玩玩具。						
67. 孩子不注意自己的卫生。						
68. 孩子每天早上醒来的时间大不相同（相差 1 小时以上）。						
69. 孩子情绪不好时会变得爱发脾气或几天不正常。						
70. 当其他孩子拿了他的玩具时，孩子反应轻微（如皱眉）。						
71. 孩子花 5 分钟或更长的时间去做同一日常工作（如穿衣、捡玩具）。						

续表

项目	1	2	3	4	5	6
72. 听到突然的声响（如电话铃声、门铃声），孩子停止吃饭并张望。						
73. 在梳头、剪指甲等过程中，孩子能安静地坐着。						
74. 当不舒服或哭闹时，孩子有很多动作。						
75. 孩子在洗脸时表现愉快。						
76. 在家初遇陌生客人就表示认同（如注视、伸手）。						
77. 到了吃饭时间会表现出饥饿感。						
78. 尽管家长反复告诫，孩子仍然进入不该去的地方或动不该动的物品。						
79. 孩子坐下来仔细地检查新物件。						
80. 孩子不在乎气味（如烹调味、烟味）的好坏。						
81. 正在活动时，听到其他孩子的游戏声就抬头张望。						
82. 每天上床后，大约用相同的时间入睡。						
83. 不管高兴或不高兴，孩子都能富有感情地大声问候他人。						
84. 受到管教或训斥时，孩子要持续几分钟闷闷不乐。						
85. 乘车旅游时，孩子能静静地坐着。						
86. 看电视不到 10 分钟就去做别的事。						
87. 初次碰上别的小孩时怕羞（转过去或扑向他妈妈怀里）。						
88. 同陌生人接触 15 分钟后仍小心翼翼地。						
89. 首次学习新工作时，孩子烦躁或哭泣（如自己穿衣、捡玩具）。						
90. 孩子洗澡时安静。						
91. 能坚持 10 分钟以上反复练习新技术（如投掷、推、画画）。						
92. 不注意所熟悉的食物的味道及浓度。						
93. 初到某个新地方的前两三天睡眠不好（如睡不着、不安）。						
94. 即使父母在场，孩子也害怕被放到陌生的地方。						
95. 孩子不愿被留下来自己玩（如皱眉或抱怨）。						
96. 在 10 分钟内即可适应新环境（如商店、游戏场）。						
97. 正在游戏，听到电话铃或门铃声立即抬头张望。						

2. 测评方法

具体测评方法可参考 EITQ。

（三）结果评定和注意事项

具体结果评定和注意事项可参考 EITQ 和 CITS。

拓展阅读

其他儿童气质问卷

3～7 岁儿童气质问卷于 1975 年由美国纽约纵向研究小组编制，是适用于 3～7 岁儿童的气质调查量表，题数 100 项。

8～12 岁儿童气质问卷作为国内第一套适合考察学龄儿童气质特征的量表，是国内专家根据美国罗宾（Robin）等人设计的 8～12 岁儿童气质量表为蓝本，并进行适合中国本土化的修订和标准化后编制而成的，题数 99 项。

想要了解更多儿童气质量表的相关内容，可扫描右方二维码。

文本资源　3~7岁儿童气质问卷

文本资源　8~12岁儿童气质问卷

实践运用

如果一位家长向你反映自己 1 岁半的孩子总是容易走神，发呆，叫名时常没反应，带他去做了测评，结果显示无异常。作为托育机构的老师，你会给这位家长哪些建议？

聚焦点：

1. 测评结果显示无异常，建议家长带孩子做气质类型的测评，了解孩子的气质类型。

2. 本案例中的孩子注意分散度可能较高，较易分散，可以建议家长有意识地加强孩子注意力方面的训练。

学习效果检测

1. 什么是气质？气质有什么作用？

2. 常见的气质量表有哪些？不同的气质量表适用年龄有何不同？

3. 早期婴儿气质量表的 9 个维度有哪些？

4. 婴幼儿气质的分类及特点是什么？

5. 易养型气质婴幼儿的特点是什么？

6. 如果一个 1 岁半的孩子气质量表注意分散度方面测试结果提示较易分散，你会给孩子家长怎样的指导建议？

文本资源　学习效果检测参考答案

学习任务 3
孤独症测评量表

学习任务单

项目	内容
学习目标	学习完本任务后，你应该能够： ①了解孤独症测评量表的内容和方法以及测评注意事项。 ②熟悉 M-CHAT 中文修订版、ABC 的适用年龄、作用和测评结果的评定。 ③掌握 CARS 的适用年龄、作用及测评结果的评定。
学习要点	本任务的重点、难点： CARS 的适用年龄、作用、测评内容和方法及测评结果的评定。
学习建议	学习前： ①完成本任务下的案例导入活动。 ②查阅正常婴幼儿不同成长阶段的社会生活能力及孤独症的临床表现。 学习中： ①完成本任务中相关的互动活动。 ②查阅并摘抄关于 M-CHAT 中文修订版、ABC、CARS 相关知识，并记录下自己的认识。 学习后： ①完成本任务后相关的学习效果检测。 ②有条件的，可以实地拜访一所托育机构或幼儿园，选取一个班级的孩子进行现场观察分析。
学习运用	你觉得在哪些工作场景中可以运用到本任务所学内容？（请填写）
学习反思	请记录你在学习过程中的相关思考。（请填写）

案例导入

托育机构新来了一位 2 岁的女孩锦锦，入机构一周以来，老师发现锦锦不合群，不听老师的指令，不坐凳子，乱跑，不与其他小朋友玩，没有任何语言表达，爱发脾气，很少看人，不会自己吃饭及大小便，老师建议家长带孩子到医院就诊，医生经过详细的问诊、观察，并经过相关检查、检验，以及心理与行为测评，诊断锦锦为孤独症和全面发育迟缓。经过约 1 年的系统康复教育训练，锦锦的认知理解及语言表达能力较前明显改善，会说 7、8 个字的句子，会简单对话，会点数到 10，可目光对视，呼名有反应，与小朋友交往明显好转，能安坐，情绪明显好转，会用勺子吃饭，会自己大小便，经过评估，锦锦可以上幼儿园了。如果你是托育机构的一位老师，碰到此类问题你会怎么处理？你应该具备哪些知识和能力？孩子在社交、情绪及生活自理能力方面需要做哪些测评？

本部分将围绕婴幼儿孤独症相关的测评量表展开，希望能够对你有帮助。

一、改良婴幼儿孤独症量表中文修订版

（一）适用年龄和作用

改良婴幼儿孤独症量表中文修订版（M-CHAT 中文修订版）是北京大学第六医院的刘靖教授等经原作者拜伦（Baron）等人同意后翻译引进并于 2012 年对其评分方法进行修订，以使其可更好地服务于我国的孤独症早期筛查工作的。经过修订，M-CHAT 中文修订版总体的信度较原评分方法提高（总分的评分者信度和重测信度分别为 0.89 和 0.83）；其筛查界限分为 17 分时，量表的灵敏度为 91％，特异度为 81％。该量表可用于 18～24 个月婴幼儿孤独症的早期筛查。并且，根据 M-CHAT 中文修订版总分的高低可以评估患儿孤独症病情的严重程度，这扩大了其在孤独症评估领域的应用前景。

> **关键术语**
>
> JA 是幼儿早期社会认知发展中的一种协调性注意能力，是指个体借助手指指向、眼神等与他人共同关注二者之外的某一物体或者事件。

拓展阅读

1. 什么是孤独症？

孤独症是一组以社交沟通障碍、兴趣或活动范围狭窄以及重复刻板行为为主要特征的神经发育障碍。2013 年 5 月 18 日，美国精神医学学会发布《精神障碍诊断与统计手册（第 5 版）》（*Diagnosis and Statistical Manual of Mental Disorders-fifth edition*，DSM-5）正式提出孤独症的概念。近 20 多年来的流行病学调查数据显示，全球范围内孤独症患病率均出现上升趋势。孤独症是一个症状学疾患，临床上主要依赖医师对患儿孤独症特征行为的观察和家长对行为的描述进行诊断。

2. 孤独症早期有哪些行为标志？

孤独症社交不足行为和部分刻板行为在早期即可出现，早期筛查可以发现这些异常。以下是孤独症早期识别的 5 种行为标记，简称"五不"行为：

（1）不（少）看：指目光接触异常，对人的目光注视减少。

（2）不（少）应：包括叫名反应和共同注意（JA）。

（3）不（少）指：即缺乏恰当的肢体动作，如不会点头表示需要、摇头表示不要、有目的的指向等。

（4）不（少）语：多数孤独症患儿存在语言发育迟缓，家长最多关注的也往往是患儿的语言问题，尽管语言发育迟缓并非孤独症诊断的必要条件，但对于语言发育迟缓儿童务必考虑孤独症的可能。

（5）不当：指不恰当的物品使用及相关的感知觉异常。比如，将小汽车排成一排，旋转物品并持续注视等；言语的不当表现为正常语言出现后言语的倒退，难以听懂、重复、无意义的语言。

3. 如果发现患儿可能患有孤独症，那么需要哪些测评呢？

（1）发育诊断类量表：如 GDS、儿心量表-Ⅱ 或 GDS-C 等。

（2）M-CHAT 中文修订版、ABC 和 CARS 等。

想了解更多相关具体内容，请扫描文旁二维码。

> 文本资源
>
> 孤独症谱系障碍儿童
> 早期识别筛查和早期
> 干预专家共识

（二）测评内容和方法

1. 测评内容（见表 4-6）

表 4-6　M-CHAT 中文修订版

孩子姓名：		性别：		出生日期：		年龄：

填写人姓名：　　　　与孩子的关系：　　　　填写日期：

请根据孩子的情况，选择最能够反映出孩子情况的一项（只选一项）。尽量不要遗漏任何问题。

项　目	评　分			
1. 您的孩子喜欢被您放在膝上做摇摆、跳跃之类的事情吗？	从不 3	偶尔 2	有时 1	经常 0
2. 您的孩子对其他孩子有兴趣吗？	从不 3	偶尔 2	有时 1	经常 0
3. 您的孩子喜欢爬上爬下，想上下楼梯吗？	从不 3	偶尔 2	有时 1	经常 0
4. 您的孩子喜欢藏猫猫或者捉迷藏的游戏吗？	从不 3	偶尔 2	有时 1	经常 0
5. 您的孩子会假装做事吗？如打电话、照顾洋娃娃或者假装其他别的事情？	从不 3	偶尔 2	有时 1	经常 0
6. 您的孩子曾用食指指着东西，要求要某样东西吗？	从不 3	偶尔 2	有时 1	经常 0
7. 您的孩子曾用食指指着东西，表示对某样东西有兴趣吗？	从不 3	偶尔 2	有时 1	经常 0
8. 您的孩子会正确玩小玩具（如车子或积木），而不把它们放在嘴里、随便乱动或是把它们丢掉吗？	从不 3	偶尔 2	有时 1	经常 0
9. 您的孩子曾经拿东西给您（父母）看吗？	从不 3	偶尔 2	有时 1	经常 0
10. 您的孩子看着您的眼睛超过 2 秒吗？	从不 3	偶尔 2	有时 1	经常 0
11. 您的孩子曾经看起来像对噪声特别敏感吗（如捂住耳朵）？	从不 0	偶尔 1	有时 2	经常 3
12. 您的孩子看着您的脸或者您的笑容时，会以微笑回应吗？	从不 3	偶尔 2	有时 1	经常 0
13. 您的孩子会模仿您吗？（如您做鬼脸，您的孩子也会模仿吗？）	从不 3	偶尔 2	有时 1	经常 0
14. 当您叫孩子的名字时，他（她）会有反应吗？	从不 3	偶尔 2	有时 1	经常 0
15. 如果您指着房间另一头的玩具，您的孩子会看那个玩具吗？	从不 3	偶尔 2	有时 1	经常 0
16. 您的孩子会走路吗？	是 0			否 1
17. 您的孩子会看您正在看的东西吗？	从不 3	偶尔 2	有时 1	经常 0
18. 您的孩子会在他（她）的脸附近做一些不同寻常的手指动作吗？	从不 0	偶尔 1	有时 2	经常 3

续表

项 目	评 分			
19. 您的孩子会设法吸引您看他（她）自己的活动吗？	从不 3	偶尔 2	有时 1	经常 0
20. 您是否曾经怀疑您的孩子听力有问题？	从不 0	偶尔 1	有时 2	经常 3
21. 您的孩子理解别人说的话吗？	从不 3	偶尔 2	有时 1	经常 0
22. 您的孩子有时候会无目标地凝视或者是无目的地走来走去吗？	从不 0	偶尔 1	有时 2	经常 3
23. 您的孩子碰到不熟悉的事物时会看着您的脸，看着您的反应吗？	从不 3	偶尔 2	有时 1	经常 0

2. 计分方法

项目 16 按"是"或"否"评分，分值分别设定为"0 分""1 分"；其余项目的评分方法为四级评分，"从不""偶尔""有时""经常"，分值相应设定为"3 分""2 分""1 分""0 分"；项目 11、18、20、22 逆向评分；根据所有项目得分相加的总分得出筛查结果。

（三）结果评定

总分≥17 分视为筛查不通过。

（四）注意事项

（1）选择量表时首先要明确测评的目的、量表的适用范围，选择经过标准化，有常模，信度、效度高的发育行为测评量表。

（2）施测者应具备的必要条件：经过培训考核合格者，并且遵守职业道德，实事求是。

（3）建立友好信任关系是测评顺利进行的关键。

（4）早期监测和筛查阳性的患儿，应列为高危儿，对其进行监测管理，必要时再使用诊断量表进一步测评。

（5）具有共病症状的患儿需要进行综合评估。

（6）遵守测评—干预—再测评—再干预的过程，干预前与干预过程中也需要测评。

（7）正确对待和解释测评结果。

（8）尽可能通过测评与干预发现孤独症患儿的潜能。

二、孤独症行为量表

（一）适用年龄和作用

孤独症行为量表（ABC）由克鲁格（Krug）等人于 1980 年编制，我国于 1989 年引进。1993 年，北京大学第六医院杨晓玲等人采用 ABC 对国内孤独症、精神发育迟滞婴幼儿及健全婴幼儿的研究发现，原量表项目在我国可以保留使用，性别、年龄因素对量表影响不大。马俊红等进行了信度和效度研究，ABC 中文版各因子的评定者信度在 0.820～0.898，重测信度 0.873～0.944，各因子及总量表的内部一致性系数为 0.748～0.951。量表总分越高，孤独症行为症状越严重。该量表适用年龄 24 月龄及以上的幼儿，目前广泛用于孤独症病情评估、治疗效果评估等方面，是最为常用的孤独症测评量表之一，用于筛查孤独症幼儿。

（二）测评内容和方法

1. 测评内容

ABC（见表 4-7）共有 5 个能区 57 个条目，总分 158 分，分为 5 个分量表，即：感觉（S，9 个条目、共 26 分）、交往（R，12 个条目、共 38 分）、躯体运动（B，12 个条目、共 38 分）、语言（L，13 个条目、共 31 分）和社会生活自理（S，11 个条目、共 25 分）。

表 4-7 ABC

幼儿姓名：		性别：		出生日期：		年龄：
填报人姓名：		与幼儿关系：		填写日期：		

（注：填报人指幼儿父母或与幼儿共同生活达两周以上的人）

指导语：本量表共列出幼儿的感觉、行为、情绪、语言等方面异常表现的 57 个项目，请在每项做"是"与"否"的判断，判断"是"就在每项标识的分数打"√"符号，判断"否"不打号，不要漏掉任何一项。［注：感觉能力（S）、交往能力（R）、躯体运动能力（B）、语言能力（L）、社会生活自理能力（S）］

项目	评分				
	S	R	B	L	S
1. 喜欢长时间自身旋转。			4		
2. 学会做一件简单的事，但很快就"忘记"。					2
3. 经常没有接触环境或进行交往的要求。		4			
4. 往往不能接受简单的指令（如坐下、过来等）。				1	
5. 不会玩玩具（如没完没了地转动、乱扔、揉等）。			2		
6. 视觉辨别能力差（如对一种物体的特征、大小、颜色、位置等辨别能力差）。	2				
7. 无交往性微笑（如无社交性微笑，即不会与人点头、招呼、微笑）。		2			
8. 代词运用颠倒或混乱（如把"你"说成"我"等）。				3	
9. 长时间总拿着某种东西。			3		
10. 似乎不在听人说话，以至于让人怀疑他有听力障碍。	3				
11. 说话无抑扬顿挫（音调不合）、无节奏。				4	
12. 长时间摇摆身体。			4		
13. 要去拿什么东西，但又不是身体所能达到的地方（即对自身与物体的距离估计不足）。			2		
14. 对环境和日常生活规律的改变产生强烈反应。					3
15. 当与其他人在一起时，呼唤他的名字，他没有反应。			2		
16. 经常做出前冲、旋转、脚尖行走、手指轻捎轻弹等动作。			4		
17. 对其他人的面部表情或感情没有反应。		3			
18. 说话时很少用"是"或"我"等词。				2	
19. 有某一方面的特殊能力，似乎与智力低下不相符合。					4
20. 不能执行简单的含有介词语句的指令（如把球放在盒子上或放在盒子里）。				1	
21. 有时对很大的声音不产生吃惊反应（可能让人想到他是听障人士）。	3				
22. 经常拍打手。			4		
23. 大发脾气或经常发点脾气。					3
24. 主动回避与别人的目光接触。			4		
25. 拒绝别人的接触或拥抱。			4		

项目	评分				
	S	R	B	L	S
26. 有时对很痛苦的刺激如摔伤、割破或注射不引起反应。	3				
27. 身体表现很僵硬、很难抱住。		3			
28. 当抱着他时，感到他的肌肉松弛（即他不紧贴抱他的人）。		2			
29. 以姿势、手势表示所渴望得到的东西（而不倾向于语言表示）。				2	
30. 常用脚尖走路。			2		
31. 用咬人、撞人、踢人等行为伤害他人。					2
32. 不断地重复短句。				3	
33. 游戏时不模仿其他幼儿。		3			
34. 当强光直接照射眼睛时常常不眨眼。	1				
35. 以撞头、咬手等行为自伤。			2		
36. 想要什么东西不能等待（一想要什么，就马上要得到）。					2
37. 不能识出 5 个以上物体的名称。				1	
38. 不能发展任何友谊（不会和小朋友来往交朋友）。		4			
39. 有许多声音的时候，常常捂着耳朵。	4				
40. 经常旋转碰撞物体。			4		
41. 在训练大小便方面有困难（不会控制大小便）。					1
42. 一天只能提出 5 个以内的要求。				2	
43. 经常受到惊吓或非常焦虑不安。		3			
44. 在正常光线下斜眼、闭眼、皱眉。	3				
45. 不是经常被帮助的话，不会自己给自己穿衣。					1
46. 一遍遍重复一些声音或词。				3	
47. 瞪着眼看人，好像要"看穿"似的。		4			
48. 重复别人的问话或回答。				4	
49. 经常不能意识所处的环境，并且可能对危险的环境不在意。					2
50. 特别喜欢摆弄、着迷于单调的东西或游戏、活动等（如来回地走或跑，没完没了地蹦、跳、拍、敲）。					4
51. 对周围东西喜欢嗅、摸和（或）尝。	3				
52. 对生人常无视觉反应（对来人不看）。	3				
53. 纠缠在一些复杂的仪式行为上，就像缠在魔圈里（如走路要走一定的路线，饭前或做什么事前一定要把什么东西摆在什么位置，或做什么动作，否则就不睡不吃。			4		

续表

项目	评分				
	S	R	B	L	S
54. 经常毁坏东西（如玩具，家里的一切用具很快就给弄坏了）。			2		
55. 在2岁半以前就发现孩子发育迟缓。					1
56. 在日常生活中至少用15个但不超过30个短句进行交流。				3	
57. 长时间凝视一个地方（呆呆地看一处）。	4				
小计分数					
总分：S＋R＋B＋L＋S					
该幼儿还有什么其他问题请详述：					

2. 测评方法

每个项目根据其在量表中不同的负荷给予不同的分数，从1分到4分不等。每项做"是"与"否"的判断。判断"是"就在每项标识的分数打"√"符号，判断"否"不打符号。任何一个项目，幼儿只要有该项表现，无论症状轻重，都可得该项分数，最后根据所有项目的总得分评定结果。

该量表由幼儿的父母或与其共同生活达两周以上的人填写，需时10～15分钟。

（三）结果评定

量表总分越高，孤独症行为症状越重。

评判标准：总分≥53分为未通过，提示可疑孤独症症状。

（四）注意事项

（1）选择量表时首先要明确测评的目的、适用年龄和范围，选择有标准化、常模、信度、效度高的发育行为测评量表。

（2）房间相对独立，布置简单，光线柔和，安静，温度适宜。

（3）与受测者建立良好的关系是测评顺利进行的关键。

（4）早期监测和筛查阳性的患儿，应告知家长进行监测管理，必要时进一步测评和早期干预治疗。

（5）正确对待和解释测评结果，即使评分大于53分，量表仅仅起到辅助诊断作用，诊断疾病必须结合幼儿的临床表现。测评结果是幼儿的隐私，不宜随便议论。

（6）遵守测评—干预—再测评—再干预的过程，干预前与干预过程中也需要测评。

三、儿童孤独症评定量表

（一）适用年龄和作用

儿童孤独症评定量表（CARS）由肖普伦（Schoplen）等人于1988年编制，卢建平、杨志伟等人修订，具有标准化常模，内部一致性信度系数 α 为0.735。CARS 15个评定项目均具有鉴别诊断意义，根据量表作者提供的划界分，临床诊断与CARS的阳性率为97.7%，对临床疑似病例的阳性率为84.6%。CARS适用于2岁以上儿童，是专业测评人员用于孤独症患儿语言、行为、感知觉等方面的观察评定工具，是一个具有诊断意义的量表，还可以判断孤独症的严重程度，有较大的实用性。

（二）测评内容和方法

1. 测评内容（见表 4-8）

CARS 由 15 项内容组成，包括人际关系、模仿（词和动作）、情感反应、躯体运用能力、与非生命物体的关系、对环境变化的适应、视觉反应、听觉反应、近处感觉反应、焦虑反应、语言交流、非语言交流、活动水平、智力功能及总的印象。每项按 1～4 级评分，4 级为最重一级，每级评分意义依次为："与年龄相当的行为表现=1""轻度异常=2""中度异常=3""严重异常=4"。每一级评分又有具体的描述说明，使不同的评分者之间尽可能一致。量表最高分为 60 分，最低分为 15 分。

该量表由施测者使用评定。评定之前，施测者最好阅读并熟悉每个项目的所有行为描述。

表 4-8　CARS

儿童姓名：　　　　　性别：　　　　　出生日期：　　　　　年龄：
填写人姓名：　　　与儿童的关系：　　　填写日期：
请根据孩子的情况，选择最能够反映出孩子情况的一项。尽量不要遗漏任何问题。

1. 人际关系

1 分　与年龄相当：与年龄相符的害羞、自卫及表示不同意。

2 分　轻度异常：缺乏一些目光接触，不愿意，回避，过分害羞，对检查者反应有轻度缺陷。

3 分　中度异常：回避人，要使劲打扰他才能得到反应。

4 分　严重异常：强烈地回避，孩子对检查者很少反应，只有检查者强烈地干扰，才能产生反应。

2. 模仿（词和动作）

1 分　与年龄相当：与年龄相符的模仿。

2 分　轻度异常：大部分时间都模仿，有时激动，有时延缓。

3 分　中度异常：在检查者强烈的要求下才有时模仿。

4 分　严重异常：很少用语言或运动模仿他人。

3. 情感反应

1 分　与年龄相当：与年龄、情境相适应的情感反应（愉快、不愉快）和兴趣，通过面部表情、姿势的变化来表达。

2 分　轻度异常：对不同的情感刺激有些缺乏相应的反应，情感可能受限或过分。

3 分　中度异常：存在不适当的情感的示意，反应相当受限或过分，或往往与刺激无关。

4 分　严重异常：存在极刻板的情感反应，对检查者坚持改变的情境很少产生适当的反应。

4. 躯体运用能力

1 分　与年龄相当：与年龄相适应的利用和意识。

2 分　轻度异常：躯体运用方面有点特殊（如某些刻板运动、笨拙、缺乏协调性）。

3 分　中度异常：有中度特殊的手指或身体姿势功能失调的征象，如摇动旋转、手指摆动、脚尖走。

4 分　严重异常：如上所述的情况严重而广泛地发生。

5. 与非生命物体的关系

1 分　与年龄相当：适合年龄的兴趣运用和探索。

2 分　轻度异常：轻度地对东西缺乏兴趣或不适当地使用物体，像婴儿一样咬东西，猛敲东西或迷恋于物体发出的吱吱声或不停地开关灯。

3 分　中度异常：对多数物体缺乏兴趣或表现有些特别，如重复转动某件物体，反复用手指尖捏起东西，旋转轮子或对某部分着迷。

4 分　严重异常：严重的对物体的不适当的兴趣、使用和探究，如重复转动某件物体，反复用手指尖捏起东西等情况频繁发生，孩子很难分心。

6. 对环境变化的适应

1 分　与年龄相当：对环境改变产生与年龄相适应的反应。

2 分　轻度异常：对环境改变产生某些反应，倾向维持某一物体活动或坚持相同的反应形式。

3 分　中度异常：对环境改变出现烦躁、沮丧的征象，当干扰他时很难被吸引过来。

4 分　严重异常：对环境改变产生严重的反应，假如坚持强制性地迫使其改变，孩子可能生气或极不合作，或者可能逃跑。

7. 视觉反应

1 分　与年龄相当：适合年龄的视觉反应，与其他感觉系统是整合的。

2 分　轻度异常：有时必须提醒孩子去注意物体，有时他会全神贯注于"镜象"，有的回避目光接触，有的凝视空间，有的着迷于灯光。

3 分　中度异常：经常要提醒他们正在干什么，喜欢观看光亮的物体，即使强迫他，也只有很少的目光接触，盯着看人或凝视空间。

4 分　严重异常：对物体和人存在广泛严重的视觉回避，着迷于使用"余光"。

8. 听觉反应

1 分　与年龄相当：适合年龄的听觉反应。

2 分　轻度异常：对听觉刺激或某些特殊声音缺乏一些反应，反应可能延迟，有时必须重复声音刺激，有时对大的声音敏感，或对此声音分心。

3 分　中度异常：对听觉不构成反应，或必须重复数次刺激才产生反应，或对某些声音敏感（如很容易受惊，捂上耳朵等）。

4 分　严重异常：对声音全面回避，对声音类型不加注意或极度敏感。

9. 近处感觉反应

1 分　与年龄相当：对疼痛产生适当强度的反应，触觉和嗅觉正常。

2 分　轻度异常：对疼痛或轻度触碰、气味、味道等有点缺乏适当的反应，有时出现一些婴儿吸吮物体的表现。

3 分　中度异常：对疼痛或意外伤害缺乏反应，比较集中于触觉、嗅觉、味觉。

4 分　严重异常：过度地集中于触觉的探究感觉而不是功能的作用（吸吮、舔或摩擦），完全忽视疼痛或过分地做出反应。

10. 焦虑反应

1 分　与年龄相当：对情境产生与年龄相适应的反应，并且反应无延长。

2 分　轻度异常：轻度焦虑反应。

3 分　中度异常：中度焦虑反应。

4 分　严重异常：严重的焦虑反应，可能孩子在会见的一段时间内不能坐下，或很害怕，或退缩等。

11. 语言交流

1 分　与年龄相当：适合年龄的语言。

2 分　轻度异常：语言迟钝，多数语言有意义，但有一点模仿语言。

3 分　中度异常：缺乏语言或有意义的语言与不适当的语言相混淆（模仿言语或说莫名其妙的话）。

4 分　严重异常：严重的不正常言语，实质上缺乏可理解的语言或运用特殊的离奇的语言。

12. 非语言交流

1分　与年龄相当：与年龄相符的非语言交流。

2分　轻度异常：非语言交流迟钝，交往仅为简单的或含糊的反应，如指出或去取他想要的东西。

3分　中度异常：缺乏非语言交往，孩子不会利用或不会对非语言的交往作出反应。

4分　严重异常：特别古怪的和不可理解的非语言的交往。

13. 活动水平

1分　与年龄相当：正常活动水平，既不多动也不少动。

2分　轻度异常：轻度不安静或有轻度活动缓慢，但一般可控制。

3分　中度异常：活动相当多，并且控制其活动量有困难，或者相当不活动或运动缓慢，检查者很频繁地控制或以极大努力才能得到反应。

4分　严重异常：极不正常的活动水平，要么是不停，要么是冷淡的，很难得到儿童对任何事件的反应，不断地需要大人控制。

14. 智力功能

1分　与年龄相当：智力功能正常，无迟钝的证据。

2分　轻度异常：轻度智力发育迟缓，技能低下表现在各个领域。

3分　中度异常：中度智力发育迟缓，某些技能明显迟钝，其他的接近年龄水平。

4分　严重异常：智力功能严重障碍，某些技能表现迟钝，另外一些在年龄水平以上或不寻常。

15. 总的印象

1分　与年龄相当：不是孤独症。

2分　轻度异常：轻微的或轻度孤独症。

3分　中度异常：孤独症的中度征象。

4分　严重异常：非常多的孤独症征象。

2. 计分原则

如果某一行为是轻微至中等异常时，应记为 2.5，因此每个项目有 7 个评定等级：1＝落入正常范围，1.5＝非常轻微异常，2＝轻微异常，2.5＝轻微至中等异常，3＝中等程度异常，3.5＝中等至严重异常，4＝严重异常。

（三）结果评定

（1）总分＜30 分（15～29.5）评为非孤独症；

（2）30 分≤总分＜36 分（30～35.5），并且高于 3 分的项目不到 5 项，评为轻—中度孤独症；

（3）总分≥36 分（36～60），并且至少有 5 项的评分高于 3 分，评为重度孤独症。

（四）注意事项

（1）在进行观察前，施测者应熟悉所有 15 个项目的描述和计分标准。

（2）记录表的信息仅仅只在提供某种提示线索，而不可替代对项目的描述和计分标准。

（3）在进行观察时，应将孤独症儿童的行为与同龄正常儿童的行为作比较。

（4）观察到某个儿童的行为与其同龄儿童相比有异常时，应进一步考虑这些行为的特异性、频率、强度和持续时间。

（5）CARS 旨在评定行为，而不涉及因果解释。

（6）由于源于幼儿期孤独症的一些行为，类似于因其他一些幼儿期障碍所导致的行为，因此，重要的是评定行为偏离正常的程度，而不是评定该行为是否可有原因加以解释，如脑损伤或智力落后等。

> **实践运用**
>
> 如果你是一名托育机构的老师，你会如何观察班里有没有孩子与大多数同龄孩子在社交、听指令、语言表达及行为表现等方面不一样？如果发现表现异常的孩子，需要做哪些测评呢？
>
> **聚焦点：**
>
> 1. 了解这个孩子的年龄，确定这一年龄段发育正常的孩子应具备的特征，观察目标孩子与发育正常孩子相比，二者的行为有什么异同。
>
> 2. 观察以下问题所涉及的发展领域，根据观察到的表现决定孩子需要做的测评。
>
> （1）孩子会独自走路吗？
>
> （2）孩子听简单的指令吗（如过来、坐下等）？
>
> （3）孩子会不会点头、招呼、微笑？
>
> （4）孩子玩小汽车时会不会没完没了地转动轮子？
>
> （5）孩子与你有目光接触吗？
>
> （6）孩子会不会叫简单称呼？有没有自言自语、重复语言？
>
> （7）孩子会不会用姿势、手势表示所渴望需要的东西？
>
> （8）孩子对周围的物品会不会嗅、摸和（或）尝？
>
> （9）孩子有无晃手、拍打手、旋转、前冲的动作？
>
> （10）孩子的饮食、大小便怎样？
>
> （11）孩子会搭积木吗？如果会，能搭几块？
>
> （12）声音大时，孩子经常捂耳朵吗？

学习效果检测

1. M-CHAT 中文修订版、ABC、CARS 这三个量表的中文名称分别是什么？三者的异同点有哪些？

2. M-CHAT 中文修订版、ABC、CARS 测评的作用是什么？

3. CARS 的评分标准如何界定？如何客观合理地解释测评结果？

4. 什么是孤独症？

5. 孤独症早期的行为标志有哪些？

6. 实践运用：如果你遇到朋友家的一个 2 岁半的孩子，目光对视少，呼名无反应，不听指令，没有语言，喜欢旋转盆子，你该怎么办呢？

7. 实践运用：轩轩，2 岁 2 个月，在一所托育机构，因不与小朋友玩，认知理解及语言表达能力差，目光对视少，怀疑孤独症，进行了孤独症测评，ABC 91 分，CARS 36 分，3 分项目数 5 项。如果你是托育机构的一名老师，你认为测评结果有异常吗？你会与孩子的家长怎样沟通呢？你会给家长什么样的建议？

文本资源

学习效果检测参考答案

参考文献

1. 鲍筝、常新蕾、王曼丽等：《北京市通州区 6 岁以下儿童心理行为发育问题预警征筛查现状》，载《中国生育健康杂志》，2018（6）。

2. 北京市儿童保健所：《小儿发育筛查参考手册》，北京，北京市儿童保健所印制，1985。

3. 陈玲燕、赖雪芳、谢洋等：《新生儿 20 项行为神经测查法（NBNA）在早产儿随访中的应用》，载《系统医学》，2020（9）。

4. 范存仁：《CDCC 婴幼儿智能发育测验手册》，北京，团结出版社，1988。

5. 范存仁：《CDCC 婴幼儿智能发育量表的编制》，载《心理学报》，1989（2）。

6. 龚郁杏、刘靖、李长璟等：《改良婴幼儿孤独症量表中文修订版的信效度》，载《中国心理卫生杂志》，2012（6）。

7. 韩佳乐、王景刚、曹建国：《高危儿早期神经学评估方法》，载《中国儿童保健杂志》，2021（9）。

8. 洪琦、周胜利、姚凯南等：《1～3 岁幼儿气质量表的修订和标准化》，载《中华儿童保健杂志》，1998（3）。

9. 黄春香、马静、李介民等：《1～4 个月婴儿的气质特征研究》，载《中国临床心理学杂志》，2009（3）。

10. 黄小娜、金星明、贾美香等：《儿童心理行为发育问题预警征象筛查表的信度效度评估》，载《中华儿科杂志》，2017（6）。

11. 李沿颖：《1～3 岁婴儿气质结构及其发展特点》，硕士学位论文，辽宁师范大学，2011。

12. 卢建平、杨志伟、舒明耀等：《儿童孤独症量表评定的信度、效度分析》，载《中国现代医学杂志》，2004（13）。

13. 罗艳：《简易高危儿筛查法在儿童保健门诊中的应用》，载《中国妇幼保健》，2010（21）。

14. 马俊红、郭延庆、贾美香等：《异常行为量表中文版在儿童孤独症群体中的信效度》，载《中国心理卫生杂志》，2011（01）。

15. 苏林雁、万国斌、杜亚松等：《儿童精神医学》，长沙，湖南科学技术出版社，2014。

16. 谭霞灵等：《汉语沟通发展量表使用手册》，北京，北京大学医学出版社，2008。

17. 夏彬、古桂雄：《婴幼儿发育筛查量表的研究及应用进展》，载《中国儿童保健杂志》，2017（7）。

18. 杨晓玲、黄悦勤、贾美香等：《孤独症行为量表试测报告》，载《中国心理卫生杂志》，1993（06）。

19. 杨玉凤：《儿童发育行为心理评定量表》，北京，人民卫生出版社，2016。

20. 于萍：《儿童言语和语言障碍的研究现状》，载《中华耳科学杂志》，2013（3）。

21. 张悦：《我国儿童保健工作中高危儿管理内涵和外延的探析》，载《中国儿童保健杂志》，2019（2）。

22. 张悦、黄小娜、王惠珊等：《中国儿童心理行为发育问题预警征编制及释义》，载《中国儿童保健杂志》，2018（1）。

23. 张致祥、雷贞武：《"婴儿—初中学生社会生活能力量表"再标准化》，载《中国临床心理学杂志》，1995（1）。

24. 章依文、金星明、沈晓明等：《2～3 岁儿童词汇和语法发展的多因素研究》，载《中华儿科学杂志》，2002（11）。

25. 郑慕时、冯玲英、刘湘云等:《0～6岁儿童智能发育筛查测验全国城市常模的制定》,载《中华儿科杂志》,1997(3)。

26. 中华人民共和国教育部:《3-6岁儿童学习与发展指南》,http://www.moe.gov.cn/srcsite/A06/s3327/201210/t20121009_143254.html,2012-10-09。

27. 中华医学会儿科学分会发育行为学组等:《孤独症谱系障碍儿童早期识别筛查和早期干预专家共识》,载《中华儿科杂志》,2017(12)。

28. 朱月妹、卢世英、唐彩虹等:《丹佛智能发育筛选检查(DDST)在国内的应用:回顾与瞻望》,载《临床儿科杂志》,1983(3)。

29. 卓秀伟、李明、边旸等:《探讨健康足月新生儿NBNA的影响因素》,载《中国新生儿科杂志》,2013(4)。

30. 邹小兵、宁方芹、黄师菊等:《〈早期婴儿气质量表〉修订与测试报告》,载《中国当代儿科杂志》,2000(1)。

31. 左启华、张致祥、梁卫兰等:《婴儿—初中学生社会生活能力量表》,北京,华夏出版社,2016。

32. American Psychiatric Association, "Diagnostic and Statistical Manual of Mental Disorders (5th ed)," Virginia, American Psychiatric Publishing, 2013.

33. Folio, M. R. & Fewell, R. R.:《Peabody运动发育量表(第2版)》,李明、黄真主译,北京,北京大学医学出版社,2006。

34. Krug, D. A., Arick, J., & Almond, P., "Behavior Checklist for Identifying Severely Handicapped Individuals with High Levels of Autistic Behavior," Journal of Child Psychology and Psychiatry, 1980(3).

35. Schopler, E., Reichler, R. J., & Renner B., "The Childhood Autism Rating Scale (CARS)", Los Angeles, CA: Western Psychological Services, 1988.